KB020109

과학, 그게 최선입니까?

윤리가 과학에게 묻는 질문들

강호정 지음

이음

머리말

머리말

우리 삶의 기반에는 과학이 있습니다. 과학을 좋아하든 싫어하든 상관없이, 아침에 일어나서부터 잠들기 전까지 우리가 먹는 음식, 마시는 물, 즐기는 문화 등 우리의 삶을 지탱하는 것에 대해 과학을 빼놓고는 말하기 어렵습니다. 몸도 작고 달리기도 빠르지 않은 인간이 지구에서 모든 다른 생물들을 지배하며 살 수 있게 된 것도 과학 덕분입니다. 지난 100년만 생각해봐도 인간은 그 이전 수천수만 년 동안 겪은 변화보다 훨씬 많은 진보를 이루어냈습니다. 이제 우리가 해마다 만들어내는 정보의 양은 그 이전 수 천 년에 걸쳐 쌓인 양보다도 많습니다. 19세기 중반만 해도 인간의 평균 수명은 채 40년도 되지 않았는데 이제는 100세 시대를 얘기하고 있습니다. 소수의 특별한 사람들이 수년 걸려서 그것도 목숨을 걸고 겨우 갈 수 있었던 지구 반대편도 이제 하루 반나절이면 편하게 갈 수 있는 거리가 되었습니다.

그래서일까요? 우리는 과학이 발전하면 인간이 더 많은 이익을 얻고, 더 행복해질 거라고 믿습니다. 과학이 발전해야 국가가 발전하고 잘먹고 잘살게 된다고 말하는 사람들도 있지요. 현실이 이러하다 보니 사람들은 과학이 가져다주는 효율과 산물에 집중하고, 과학계 종사자들에게는 더 뛰어난 수학적 능력, 실험 기술, 그리고 새로운 발견을 이끄는 발명자의 역할을 기대합니다. 반면에 그 과정에 있는 사람들 간의 관계, 발생할 수 있는 윤리적, 도덕적 문제는 과학과 거리가 멀다고 생각합니다.

과학, 그게 최선입니까? -
윤리가 과학에 묻는 질문들

그래도 괜찮은 걸까요? 쉼 없이 달려온 과학의 발전 경로에서 과학자 개인이, 그리고 그 과학을 이용하고 있는 사회적 구조가 과연 어떤 윤리적 문제를 겪어왔고 또 현재 겪고 있는지를 살펴볼 필요가 있습니다. 인류가 필요로 하는 것을 만들어내기도 바쁜 와중에 '과학 윤리'에 대해서 살펴보는 것이 무슨 의미가 있느냐고 반문하실지 모르겠습니다. 그렇지만 과학의 존재 가치는 과학 기술의 발달 정도뿐 아니라 우리가 어떤 태도로 그것을 다루고, 어떤 방향으로 그것을 발전시킬 것인가를 통해서도 드러납니다. 어떤 놀라운 과학적 발견이 질병을 고치고 자연재해로부터 우리를 지켜줄 수도 있지만, 반대로 그 과학적 발견이 전쟁 무기로 돌변할 수도 있고, 인간을 차별하고 더 불행하게 만드는 흉기로 이용될 수도 있습니다. 또, 우리나라에서 문제가 되었던 '이루다'라는 AI 챗봇의 문제, 코로나19 바이러스의 백신을 누가 먼저 맞아야 하는지와 같은 문제에서 보듯, 과학 기술을 개발하고 적용하는데 윤리 문제가 매우 중요한 역할을 담당합니다. 기술적으로 완성도가 높다고 알려진 '이루다'의 경우에도 사람들이 이를 엉뚱하게 사용하니 오히려 혐오와 외설적인 도구로 이용되었습니다. 코로나19 백신의 경우도 안전한 백신을 개발한 이후 세계적으로는 나라마다 백신을 어떻게 나눌지, 한 국가 안에서는 어떤 사람에 먼저 맞출지를 고민하게 됐습니다.

물론 이렇게 질문할 수도 있습니다. "자연과학이나 공학과 관련된 분야는 다루는 내용이나 방법이 합리적이고 객관적이지 않나요?" 그러나 과학과 공학 연구는 기본적으로 가치중립적이고 독립된 활동이 아니라 사회적 인간으로서의 활동입니다. 예를 들어, 연구자가 초기에 마련한 가설에 따라 실험 디자인이 결정되며, 그 실험 디자인과 가설에 따라 연구자가 의도한 방향으로 실험 결과가 나올 가능성이 높습니다. 뿐만 아니라, 실험 결과를 연구자가 어떻게 해석하느냐에 따라 전혀 다른 이론으로 발전할 수 있습니다. 이처럼 과학 연구는 모든 과정에서 연구자의 영향을 받습니다. 또 이렇게 만들어진 과학이 사회에서 소비되고 이용되는 과정도 경제나 정치 체제에 따라 상이하게 결정됩니다.

물론 과학과 기술 분야 종사자는 오랜 기간 훈련 받은 전문가입니다. 따라서 이런 지식과 분석 기술을 잘 습득한 사람을 좋은 과학자라고 할 수 있을 겁니다. 그러나, 동시에 과학에 내재된 본질, 그리고 과학을 진행하는 사람들 사이에 숨어 있는 복잡한 관계들, 그리고 이것이 이용되는 사회에 대한 이해가 부족하다면 뛰어난 과학자라고 말하기 어렵습니다. 과학은 자연에 대한 인간의 궁금증을 탐구하는 과정이기도 하지만, 동시에 인간이 만들어내고 이용하는 도구이기도 하다는 것 역시 중요한 사실이기 때문입니다.

이 책을 읽고 계신 여러분이 과학 기술자거나 장래의 과학자가 아니라면, 과학과 관련된 윤리는 나와 상관없는 문제라고 생각할 수 있습니다. 하지만 그렇지 않습니다. 우리가 매일 경험하는 많은 문제들이 바로 과학 그 자체 혹은 과학의 산물들과 밀접하게 관련되어 있습니다. 또한 코로나19 바이러스에서 파생되는 여러 가지 사회 문제에서 볼 수 있듯, 전혀 예측할 수 없는 새로운 문제들이 툭툭 튀어나오는 것이 우리의 현실입니다. 이런 새로운 문제를 이해하고 판단하며 해결책을 내놓기 위해서는 우리가 과학 윤리에 관심을 가지고 이해하고 있어야 합니다. 여러분들이 이 책을 읽으면서 이렇게 해야만 한다는 당위를 되씹기보다는 답이 열려 있는 문제들을 숙고하면서 과학적 사실에 근거해 자신의 세계관과 판단 준거를 다져가는 과정이 되길 기대합니다.

이 책은 다음과 같이 구성되어 있습니다. 먼저 과학 혹은 과학자가 기본적으로 지니고 있는 윤리의 문제, 과학이 인간의 복지에 어떻게 기여하거나 악영향을 미치고 있는지에 대한 문제, 그리고 현대에 우리가 직면한 새로운 과학 윤리의 문제, 이렇게 크게 세 갈래의 이야기를 총 15개의 작은 주제들로 펼쳐 보고자 합니다. 이들 사이의 연관성이 전혀 없는 것은 아니지만 독립된 내용이니 관심 있는 주제부터 먼저 살펴봐도 상관없습니다. 또 매 장의 마지막 부분에는 토의할 문제들을 소개했습니다. 본문의 내용을 충실히 읽어도 답을 찾기 어려운 문제들도 있습니다.

함께 책을 읽은 분들과 추가적인 자료를 찾아 논의하며 여러분의 생각을 정교화하는 데 활용하시길 바랍니다. 책에서 다루는 과학적 사실이 생소한 분들을 위해 중요한 인물들에 대한 소개도 넣었습니다. 이들의 업적과 행동이 과학 윤리의 측면에서 어떤 함의가 있는지 살펴보시는 것도 이 책을 읽는 하나의 방법이 될 것입니다.

이 책은 원래 〈욜라(Oyla)〉라는 청소년 과학잡지에 연재했던 글을 확장해서 준비했습니다. 원고의 준비와 출판까지 많은 도움과 조언을 아끼지 않았던 이음의 김소원 편집자, 강지웅 박사, 주일우 박사에게 감사의 말씀을 드립니다. 마지막으로 항상 나에게 영감을 주는 아내 민경과 딸 지영에게 감사의 마음을 전합니다.

Ⅰ

과학자들은
항상 진실을 말하고
있을까요?

1

신비한
과학 서프라이즈

–

진실 혹은
거짓

여러분이 아는 과학자는 몇 명인가요? '과학자' 하면 어떤 이미지가 떠오르시나요? 깐깐한 분위기에 두꺼운 안경과 하얀 실험복을 입고 있는, 실수나 거짓말 같은 것과는 거리가 먼 진지한 모습인가요? 과학자에 대한 환상을 깰까 걱정도 되지만, 의외로 많은 과학자들이 실수도 하고 헛소리도 합니다. 여기서는 유명한 과학자 두 명의 잘 알려지지 않은 이야기를 해볼까 합니다.

멘델의 법칙에 숨겨진
이상한 자료

여러분은 중학교 과학 시간에 '멘델의 법칙'을 배우셨을 겁니다. 이 법칙은 세 가지로 구성되어 있습니다. 바로 우열의 법칙, 분리의 법칙, 독립의 법칙입니다. 이 법칙을 만든 멘델(Mendel)은 19세기 오스트리아의 성직자이자 과학자입니다. 우리는 모두 부모님의 모습이나 성격을 많이 닮았습니다. 이것은 그분들의 몸속에 있는 그 무엇(지금은 '유전자'라고 부릅니다)이 자손에게 전달이 되어서 생기는 일입니다. 멘델은 '유전학'이라는 학문조차 생소하던 19세기에 교회 텃밭에서 콩을 대상으로 한 실험으로 앞서 말한 법칙들을 발견해 유전학의 아버지라 불리는 과학자입니다.

　　멘델은 교회 텃밭에서 노란콩과 초록콩을 키우면서 특이한 현상을 관찰했습니다. 순수한 노란콩과 초록콩을 교배하면 그 자손은 항상 노란콩이 나옵니다. 이것을 통해서 현대 유전학에서 말하는 '우성'과 '열성'이라는 것을 처음 알게 되었습니다. 그런데 그 혼혈 노란콩을 자기들끼리 교배하면 그다음 세대에서는 노란콩과 파랑콩이 3:1로 나온다는 법칙을 발견했습니다. 이것을 '분리의 법칙'이라 하죠. 또 색깔 말고 콩의 모양이나 다른 특성은 유전 과정에서 각각 독립적으로 작용한다고 해서 '독립의 법칙'이라 합니다. 멘델은 유전자니 염색체니 하는 것에 대해서 아무것도 모르던 시절에 그냥 콩을 계속 키우고 교배하면서 눈으로 보이는 결과만으로 이런 법칙을 발견했습니다. 대단한 통찰과 발견이라고 평가될 만하지요. 멘델 자신도 당시에는 무엇인지 정확히 모르는 상황에서, 생물체 안에 그 외형을 결정짓는 요소가 있고, 이것이 후손에게 전달될 때 어떤 덩어리들이 배분되듯이 정확한 수학적 법칙에 따라 나누어진다는 것을 발견했습니다.

　　그런데 시간이 한참 흐른 후 1930년대에 유명한 통계학자인 피셔(Fisher)가 멘델의 결과 자료들을 살펴보다가 이상한 점을 발견했습니다(Fisher, 1936). 실험을 하다 보면 가끔 이상한 값들이 나오기 마련입니다. 그런데 피셔가 여러 가지 통계 분석을 해보니 멘델이 발표한 실험 결과가 이론치에 지나치게 잘 맞는다는 점을 발견했습니다. 틀린 것도 아니고, 맞는 게 뭐가 문제냐 할 수도 있겠지만 너무 이상할 정도로 잘 맞는다는 것이 문제였습니다. 피셔는 멘델의 실험 자료가 조작되었거나, 아니면 실제로 관찰한 자료 중에서 이론에 잘 맞지 않는 결과는 버리고 3:1의 수치에 맞는 것만 골라서 사용한 것 같다고 추정했습니다.

　　믿기 어려울 수도 있지만, 과학자이자 성직자였던 멘델이 자신의 실험 결과를 조작한 것이 사실인 것 같습니다. 아마도 멘델은 자료를 조작해서 명성이나 부를 얻고자 한 것 같진 않습니다. 멘델은 과학에 대한 열정이 대단했지만, 개인적인 어려움 때문

과학, 그게 최선입니까? -
윤리가 과학에 묻는 질문들

에 대학에서 정규 교육을 받지 못했고 청강과 독학으로 과학적 지식을 쌓은 사람입니다. 당시 기록을 보면 멘델은 이런 연구를 통해서 딱히 경제적 이득을 얻거나 대학에 교수로 가길 원했던 같지는 않습니다. 그냥 조용한 성직자로서 과학에 흥미가 있었던 것이죠. 실제로 당대에 멘델의 연구 결과는 주위의 과학자들에게만 알려졌을 뿐 세상에 널리 알려진 것은 사망하고 30년이 더 지나서입니다. '멘델의 법칙' 자체를 발견한 것도 놀랍지만 멘델은 그 과정에서 관찰을 통해 가설을 수립하고 실험을 통해 관측한 후 하나의 법칙으로 도출했다는 점에서 근대과학의 모범을 보여주었습니다. 아마도 이 과정에서 자신의 가설에 딱 들어맞는 자료에 집착했고, 모든 결과는 오차 없이 법칙에 정확히 맞아야 한다고 강박적으로 생각했을지도 모르겠습니다.

또 다른 이상한 자료 –
밀리컨의 기름방울 실험

이렇게 과학자가 자료를 조작하거나 아예 없는 가상의 결과를 만들기도 하는 것이 멘델만의 이야기는 아닙니다. 고등학교나 대학 초급물리 시간에 배우는 밀리컨 (Millikan)의 기름방울 실험이 있습니다. 좀 어려운 내용입니다만, 전기 흐름에 최소 단위가 있다는 것을 보여준 혁신적인 연구였습니다. 당시 물리학자들 사이에 큰 논쟁 중 하나는 전기 흐름에 최소 단위가 있는가 없는가 하는 것이었습니다. 어떤 사람들은 전기는 물이 흐르듯이 최소 단위가 없는 연속적인 양이라고 주장했고, 밀리컨은 전기의 흐름도 아주 작은 물체가 모인 덩어리의 흐름이기 때문에, 연속적이지 않은 최소 단위가 있을 거라 주장했죠. 밀리컨은 아주 창의적인 실험을 설계했는데, 전기를 띤 여러 크기의 기름방울을 뿜어주고 거기에 여러 강도의 전기장을 가한 다음, 중력에 의해 떨어지지 않고 공중에 떠 있는 기름방울의 크기를 재는 실험이었죠. 여러 강도의 자기장에서 중력과 평형을 이루는 기름방울의 크기를 관찰하면 전하량이라 부르는 전기의 크기를 잴 수 있었습니다. 밀리컨이 얻은 자료를 분석해보니 다양한 전하량이 특정 숫자의 배수라는 것을 알게 되었습니다. 즉 전기의 크기는 연속적인 것이 아니고 특정한 최소 단위의 배수, 다시 말해 작은 알갱이들의 흐름이라는 것을 밝혀낸 것이죠(Milikan, 1913). 이 연구로 밀리컨은 1923년 노벨물리학상을 받았고, 이 결과는 현재 세계 모든 나라 고등학교 물리학 교과서에 나와 있을 정도의 대단한 업적이었습니다.

그런데, 밀리컨이 죽은 이후에 그의 연구실에서 나온 자료들을 정리하다가 흥미로운 점이 발견되었습니다. 알고 보니 밀리컨은 실험에서 얻어진 모든 결과를 발표한 것이 아니고, 자신의 이론에 맞지 않는 자료들은 논문에도 싣지 않고 책상 속에 숨겨두고 있었습니다. 물론 실험이 뭔가 잘못된 것 같다는 작은 메모를 붙여 놓기는 했지만 말입니다. 밀리컨이 고인이 된 이후에 그의 자료를 검토해본 결과, 그는 전체 140개의 자료 중 자신의 가설에 잘 맞는 58개의 자료만을 가지고 논문을 발표한 것으로 밝혀졌습니다. 즉 밀리컨은 자신의 가설인 전기 최소 단위의 배수에 잘 맞는 결과들을 모아서 논문을 썼고, 그 가설에 맞지 않는 값들은 잘못된 실험 결과라고 제외한 것입니다. 밀리컨을 지지하는 사람들은 그가 뛰어난 능력이 있어서 잘못된 것을 추려내고 올바른 이론을 세 웠다고 하지만, 많은 사람들은 이 경우처럼 가설에 들어맞지 않는 자료를 제외하고 은폐하는 것은 올바른 과학이 아니라고 생각합니 다. 결국에는 맞는 이론을 찾아냈더라도 말입니다. 쉽게 말하자면 결과가 아무리 좋더라도 과정이 옳지 않으면 잘못되었다는 거죠.

이런 문제는 과학자들이 매일매일 직면하는 일입니다. 보통 대학의 연구실에서 실험 한 번으로 원하는 결과를 얻는 경우 는 드뭅니다. 특히 훈련이나 경험이 부족한 대학원생들은 당연히 나와야 할 결과를 얻지 못하는 경우도 많고 어떨 때는 가설과 정반 대의 결과를 얻기도 합니다. 또 아주 작은 규모의 현상을 짧은 찰 나에 측정할 경우 장비가 예민해서 얻은 정확한 결과인지 그냥 잡 음 신호인지 구분하기가 쉽지 않습니다. 수많은 실험을 반복하고 그 결과를 검토해서 복잡한 타래 속에서 하나의 진실을 찾아가야 하지요.

좋은 과학자는 이런 애매한 경우에 실험이 잘못된 것인 지 아니면 전혀 몰랐던 새로운 사실이 발견되는 과정인지를 잘 판 단할 수 있는 사람입니다. 마치 도자기 굽는 도공이 가마에서 막 나온 작품들을 살펴보다가 다른 사람이 보기에는 멀쩡해 보이는 도자기를 망치로 깨버리는 것처럼, 과학자에게도 이런 안목이 필 요합니다. 차이가 있다면 예술에서는 이러한 과정이 매우 주관적 이지만 과학에서는 직관적이고 주관적인 판단보다는 충분한 근거 와 논리가 뒷받침되어야 한다는 것이지요. 주관적 판단이 지나치 면 자칫 연구윤리를 위반하는 거짓된 과정으로 이어질 수도 있습 니다. 우리가 흔히 알고 있는 것과 달리, 과학을 연구하는 과정은 본질적으로 진실과 거짓 사이의 애매한 줄타기를 하는 것입니다. 사람들은 흔히 문학이나 예술과 달리 과학이 다루는 주제와 그 연구 방법은 매우 규격화되어있고 딱딱할 것이라 생각하지만, 실제로는 그렇지 않은 셈입니다.

비윤리적인 행동의 이유

앞에서 살펴본 바와 같이 교과서에 실릴 정도로 중요한 과학적 발견을 한 존경받는 과학자들조차 자료의 진실성에 대해 의심받고 있습니다. 어쩌면 과학적 연구는 끊임없이 자기 자신의 거짓과 싸우는 과정일지도 모릅니다. 처음부터 나쁜 의도가 있지 않더라도, 그냥 과학 활동 과정 자체에서 나도 모르게 비윤리적인 선택을 할 가능성이 있다는 말입니다. 특히 현대의 과학에서는 크게 두 가지 이유 때문에 이런 현상이 더 두드러지게 나타나고 있습니다.

첫째는 과학자 자신의 경력에 대한 압박 때문입니다. 오래전에는 과학을 하나의 취미로 생각하기도 했습니다만, 오늘날의 과학계는 엄청난 돈과 명예가 걸려 있는 치열한 경쟁 장소가 되어 버렸습니다. 대학의 교수나 연구소 연구원들은 직장에서의 승진이나 연구에 필요한 연구비를 지원받기 위해서 새롭고 혁신적인 결과를 만들어내서 유명한 학술지에 논문을 실어야 한다는 커다란 압박 속에 살고 있습니다. 가수나 소설가가 유명해지려고 남의 작품을 표절하는 것과 비슷한 셈입니다. 두 번째로, 현대 과학에서는 자료를 조작하는 것이 더욱 쉬워졌습니다. 과학 기술의 전문성이 높아지다 보니 세부 분야 전문가의 말이 틀렸는지 확인하기가 어렵습니다. 포토샵 등 여러 가지 프로그램으로 결과의 그림을 슬쩍 바꾸거나 숫자를 조작하는 것이 더욱 쉬워지기도 했고, 유명한 연구진이 이런 일을 하면 명성 때문에 더욱 밝히기가 어렵습니다.

　　　　과학계 전반의 환경 탓이든 과학자 개인의 탓이든 과학자의 사기극은 자신이 부당한 이익을 얻는다는 문제뿐 아니라 과학계 전체의 발전에 큰 해악이 됩니다. 왜냐하면 다른 과학자들이 엉뚱한 연구 방향이 바른길이라 생각하고 수십 년씩 헛고생하게 될 수도 있기 때문입니다. 과학은 혼자서 하는 활동이 아닙니다. 대부분은 남들이 보고한 선행연구 결과를 검토하고 거기서 문제점이나 미지의 부분을 찾아서 자기 연구의 출발점으로 삼는 것이 일반적입니다. 만일 거짓된 결과를 발표한다면 후속연구를 수행하는 다른 과학자는 아예 잘못된 출발을 하게 되니 결국 결과도 엉뚱하게 나올 수밖에 없습니다. 또 사기 데이터로 성공한 과학자는 정부나 기업의 연구비와 장비를 부당하게 가져감으로써 다른 연구자에게 피해를 주게 됩니다. 결국에는 과학 전체의 발전을 막게 됩니다.

　　　　그렇지만 과학이 거짓으로 가득 찬 장소라고 오해하지는 말아주세요. 이런 소수의 잘못을 밝혀내고 걸러내려고 하는 자정 기능을 가지고 있기 때문입니다. 잘못된 내용으로 발표된 결과는 논문 심사과정에서 동료들에 의해 걸러지기도 하고, 또 다른 연구진이 재현하지 못하는 결과라면 흥미로운 것이더라도 그 이론은 결국 사라지게 됩니다. 새로운 신기한 발견이 발표되면 관련된 후속 연구들이 계속 진행되기 마련입니다. 하지만 후속 연구들에서 그 신기한 결과가 재현되지 못하면 그 결과는 잘못된 것으로 간주되고 더 이상 후속 연구가 진행되지 않습니다. 이에 대해서는 앞으로 더 자세히 살펴보겠습니다.

과학, 그게 최선입니까? -
윤리가 과학에 묻는 질문들

로버트 밀리컨
Robert Andrew Millikan

미국의 실험 물리학자로 1868년에 태어나 1953년도에 사망했다. 시카고 대학 교수로 재직하면서 전류의 흐름에서 단위 즉 전하의 최소 단위가 있는지를 알아보는 실험을 고안하였다. 처음에는 물로 시작해서 모호한 자료를 얻었지만, 최종적으로 기름방울 실험(Oil drop experiment)으로 전류의 흐름이 전하라는 입자들의 흐름이라는 새로운 사실을 밝혀냈다. 이를 통해 전자 하나의 전하량을 처음으로 측정하고 규명했다. 이 연구와 광전효과에 대한 업적으로 1923년 노벨 물리학상을 수상했다. 이후 칼텍(Caltech; California Insitute of Technology)으로 옮겨서 연구를 수행했고 마지막에는 대학 행정가로서 능력을 발휘해 칼텍이 명문으로 자리 잡는 기초를 닦은 인물로 평가된다. 또 외계에서 오는 방사를 감지하여 우주선(Cosmic Ray)이라는 용어도 처음 제안했다. 이러한 엄청난 과학적 업적에도 불구하고 콜로라도 대학의 과학철학 교수인 앨런 프랭클린(Allan Franklin)이 밀리컨의 자료에 문제를 제기했다. 밀리컨이 실험 오차를 줄이기 위해서 소위 'cosmetic surgery'라고 표현되는 방식, 즉 자료를 가설에 맞게 슬쩍 손질하는 방법을 통해서 결과가 잘 맞는 것처럼 조작했다고 주장한 것이다. 사실 모든 자료를 다 포함해도 실험 오차가 2% 내외였지만 다른 과학자들의 반론을 잠재우기 위해서 실험 오차가 1% 이내가 되도록 자료를 선별적으로 사용했다는 주장이다.

토론할 거리

1

우리는 살면서 가끔은 자신의 능력이나 성취를 과장되게
말하기도 합니다. 이력서를 약간은 부풀리기도 하고,
입시 서류의 자기소개서에 읽지도 않은 책을 읽었다고 쓰기도
하죠. 이런 작은 거짓들이 많은 사회와 적은 사회는 각기
어떤 특징들이 있을까요?

2

과학자들의 자료 조작, 운동선수들의 금지된 약물 사용,
소설가들의 대필, 정치인의 경력 조작 등은 모두 윤리적으로
심각한 문제입니다. 이런 문제들이 윤리적으로 어떠한 점에서
동일하고 어떠한 점에서 차별성을 갖는지, 그리고 어떻게 해야
방지할 수 있을지 토론해 봅시다.

과학, 그게 최선입니까? –
윤리가 과학에 묻는 질문들

2

과학자의
실수와 책임

누구나 잘못하면 벌을 받아야 합니다. 그런데 실수로 일을 그르쳤을 때도 큰 벌을 받아야 할까요? 과학자들이나 공학자들도 연구를 하다가 혹은 무엇을 만들다가 실수로 일을 망치는 경우가 많이 있습니다. 아니면 열심히 한다고 했는데 능력이 부족해서 문제를 풀지 못하는 수도 있죠. 그런 경우에는 어디까지 책임을 져야 할까요? 이탈리아에서는 과학자가 무능함 때문에 감옥까지 가는 사건이 벌어졌습니다.

지진 예측이 부정확해서
처벌받은 이탈리아 과학자

2009년 이탈리아 중부지방 라퀼라 (L'Aquila)라는 마을에 리히터 강도로 5.9에 해당하는 강한 지진이 일어났습니다. 이 일로 건물과 집들이 무너져서 308명이 아까운 목숨을 잃었습니다. 이후 이 지진을 제대로 예측하지 못했고, 잘못된 정보를 제공했다는 이유로 7명의 과학자와 공무원이 기소되었고 1심에서 징역 7년의 중형을 선고받았습니다.

　　　이 선고가 나오자 전 세계 과학계에서 큰 반발이 나왔습니다. 지진이라는 것이 예측하기 너무나 어려운 자연 현상이었고, 이런 일로 과학자를 벌한다면 누가 연구를 하겠느냐는 주장이었죠. 그러나 조금 자세히 들여다보면 그리 단순한 문제가 아니었습니다. 이 도시에서 지진이 일어나기 전에 작은 진동들이 아주 여러 차례 있었습니다. 시민들이 불안해하자, 정부는 전문가를 모아서 자문 회의를 개최했습니다. 회의는 대충 개최되었고, 큰 지진은 없을 것이라고 결론을 내리며 주민들에게는 집에 머물러 있어도 안전하다고 알렸습니다. 그리고 일주일 후에 비극적인 사건이 벌어졌습니다. 당시 책임 공무원이었던 정부연구소의 베르나르도 데 베르나디니 (Bernardo De Bernardinis) 박사는 TV 인터뷰에서 작은 진동이 많으면 땅속의 에너지를 조금씩 감소시켜서 오히려 큰 지진을 막아줄 것이라고 말했습니다. 결과적으로는 잘못된 사실이었습니다. 이후의 자문 회의에서도 박사는 큰일이 일어나지 않을 것이라는 식으로 회의를 주도했고, 다른 과학자들도 자신이 없으니 그냥 입을 닫고 있었던 것입니다. 이 재판은 2심에서 무죄, 이후 5년이 더 지난 후에야 최종심에서 6명의 과학자가 무죄를 선고받고, 베르나디니 한 명만 2년 형을 받는 것으로 마무리 되었습니다. 비극적인 사건이 난 후에 화가 난 대중들은 누군가 희생양이 필요했고, 잘못된 정보를 제공한 과학자들이 비난의 대상이 되었습니다. 그렇지만 이들에게 모든 책임을 묻는 것이 정당했을까요?

실제로 당시 이 도시에서 희생자가 많았던 데에는 건물의 설계와 시공이 엉망이었던 이유도 컸습니다. 나중에 밝혀진 바로는 많은 수의 콘크리트 건물이 사실은 모래로 만들어진 것들이었습니다. 어떤 이는 이 정도 지진이 미국 캘리포니아에서 일어났다면 단 한 명도 죽지 않았을 것이라 평가하기도 했습니다. 지진의 위험을 정확히 예측하지 못하기도 했지만, 건물들이 지진을 충분하게 대비하지 않았던 탓도 있는 것입니다. 과연 과학자의 실수와 무능에 대해서는 어디까지 책임을 져야 할까요? 이 사건을 둘러싼 과학적 사실과 이탈리아의 재난 대처 정책에 대한 내용은 나중에 논문으로 발표되기도 했습니다 (Alexander, 2010). 여러 가지 논란이 있었지만, 여전히 이 문제에 대한 의견은 분분하기만 합니다. 과학적 연구의 결과물이 사회에 직접적인 혜택을 주거나 피해를 입힐 수 있다는 점을 분명히 보여준 사건이었습니다.

우주왕복선
챌린저호의 비극

이와 비슷한 사건으로 널리 알려져 있는 것은 1986년에 미국에서 일어난 우주왕복선 챌린저호 폭발 사고였습니다. 당시에 미국은 한번 쓰고 버리는 우주선이 아니라 비행기처럼 발사 후 다시 착륙해서 재활용이 가능한 '우주왕복선'이라는 획기적인 우주선을 수차례 성공적으로 운영한 상태였습니다. 그렇지만 챌린저호는 발사 후 곧 공중에서 폭발했고, 탑승한 7명의 승무원은 전원 사망했습니다. 폭발 장면이 TV에서 생중계되었기 때문에 사람들은 더 큰 충격에 빠졌습니다. 저도 당시의 폭발 화면이 지금도 생생히 기억이 납니다.

　　　이 비극적인 폭발 사고 이후 미국 정부는 '로저스 위원회(Rogers Commission)'라는 기구를 만들고 전문가들을 모아서 이 사고의 원인을 조사했습니다. 유명한 물리학자인 리처드 파인만(Richard Feynman)도 참여했었죠. 기술적으로 이 사고의 원인은 고체연료탱크에서 뜨거운 열기가 빠져나가지 못하도록 막아주는 '오-링 (O-ring)'의 결함 때문이었습니다. 쉽게 말하자면 수도꼭지에서

물이 새는 것을 막기 위해 들어가는 소위 '고무 빠낑'과 같은 것의 문제였습니다. 이 재료가 낮은 온도에서 제대로 작동하는지 확인이 안 된 상태였는데, 발사 당시의 외부 온도는 영하 2도까지 떨어졌습니다. 발사를 준비하던 사람들은 오-링의 문제보다는 우주선 외벽에 붙은 얼음을 제거하는 것이 더 큰 관심사였습니다. 우주선이 발사된 후 낮은 온도에서 딱딱해진 오-링이 열기를 제대로 막지 못했고 여기서 뜨거운 기체가 새어 나와서 외부의 탱크에 불을 붙여 버린 것이었습니다.

사실 이 오-링을 만든 회사의 기술자들은 낮은 온도에서 제대로 작동하지 않을 수도 있다고 미리 경고했습니다. 이 문제로 제작사와 우주선 발사를 책임진 나사(NASA)의 책임자들 간에 화상 회의가 진행되었습니다. 그런데 기술자들의 반대가 계속되자 나중에는 이들을 빼고 회사의 관리자와 나사 관계자끼리만 회의를 진행하였고 결국에는 큰 문제가 없을 것이라고 결론 내렸습니다. 이미 우주선 발사가 상당히 연기된 상태였기 때문에, 더 이상 우주선 발사를 미루는 것이 나사에서도 곤혹스러운 상황이었습니다. 그리고 이 작은 부품 하나가 우주선을 날려버릴 만큼 큰 사고를 일으키리라고는 아무도 예상하지 못했죠. 기술자들도 자신들보다 높은 위치에 있는 사람들을 설득할 수 있도록 잘 설명해야 했지만 그렇지 못했습니다. 화상 회의 때 그들의 뜻을 책임자들에게 강력하게 전달할 기회가 있었지만 그러지 못했습니다. 실제로, 그들이 나사 관계자들에게 설명하려고 준비한 발표 자료가 형편없었다는 것이 나중에 밝혀지기도 했습니다. 많은 사람이 나사 당국이나 기술자나 모두 안전 문제에 대해서 충분히 조심하지 않았다는 비판을 쏟아 내었습니다.

사람들의 안전과 건강에 영향을 미치는 분야에 종사하는 사람들은 큰 책무를 가지고 있습니다. 과학 윤리의 한 분야인 공학 윤리에서 이 문제가 큰 논쟁거리입니다. 대부분의 전문 엔지니어 집단의 윤리 강령에서 첫 번째로 제시하는 것이 '공공의 안전, 건강, 복지에 무한한 책임을 가진다'입니다. 공학자가 자신의 전문성을 제대로 발휘하지 못해서 공공에게 피해를 입히는 것에 대해 큰 책임감을 가져야 한다는 말이죠. 그런데 이에 대한 반론도 많습니다. 다른 전문 직종도 윤리 강령들이 있지만 능력이 부족해서 실패하더라도 그 법적인 책임을 묻지 않는 경우가 많습니다. 예를 들어 변호사가 재판에서 패소했다면, 의사가 최선을 다했음에도 의료 기술의 한계로 환자를 살리지 못했다면, 개인적인 비난을 받을지 몰라도 법적인 책임은 물론 윤리적인 비판을 받지는 않습니다. 이에 비해 공학자들에게만 너무 엄격한 잣대를 가하는 게 아니냐는 반론이 있습니다. 물론 공학자 개인의 명백한 실수 또는 잘못된 의도로 인한 참사라면, 잘잘못을 확실히 따져야 합니다. 토목공학자가 다리 설계를 잘못해서 사고가 난다면 많은 사람이 희생될 수 있고 이에 대한 책임을 묻는 것이 정당하겠죠. 또 백신을 만드는 생물학자가 실험 중에 실수해 약품이 병원균에 오염된다면 이 또한 참사로 이어질 수 있습니다.

　　　　그렇지만 골치 아픈 문제는 항상 회색지대에서 일어납니다. 의도적이지 않고 단순히 그 과학자의 능력이 부족해서 일어난 일이라면 어디까지 책임을 물어야 마땅할까요? 저도 실험실에서 많은 실수와 오류를 저지릅니다. 배우는 학생들은 더욱 그렇고요. 보통 이런 경험들은 오히려 새로운 과학적 발견의 시발점이 되기도 하고, 또 새로운 연구자를 키우고 연구 분야를 개척하는 데 피할 수 없는 비용이기도 합니다. 그렇지만 그 실수가 다른 사람의 큰 피해나 불행으로 연결될 때에는 어쩔 수 없이 어느 선까지는 이에 대한 책임이 필요하기도 합니다.

과학에서의 실수와 관련된 이런 복잡한 문제 때문에 과학자나 기술자들이 연구윤리를 잘 갖추는 것이 중요합니다. 즉 자신이 하는 일에 대한 윤리적인 책무를 이해하고, 이전에 일어난 사고와 실수의 원인이 무엇이고 어떻게 줄일 수 있을지도 배워야 합니다. 그리고 사회도 과학자들의 실수나 무능을 개인의 탓으로만 돌릴 것이 아니라 그런 문제를 일어나게 한 제도적, 문화적 원인을 잘 밝히고 개선해야 합니다. 예를 들어, 과학자들이 그들이 하는 일에 대해서 충분히 보상을 받고 있는지, 중요한 결정을 할 때 모두가 민주적으로 자신의 의사를 발표하고 토의할 수 있는 환경이 주어져 있는지, 각 분야의 전문가가 사회에서 자신의 목소리를 낼 수 있는지 등이 과학에서의 실수와 피해를 줄이는데 중요한 요소라고 생각합니다.

또 과학자나 공학자에게 지나친 업무를 요구하는 것도 원치 않는 실수나 사고로 이어질 수 있습니다. 연구를 위한 건물을 짓고 새로운 장비를 도입해서 설치하는 것은 짧은 시간 안에 완성할 수 있는 인프라입니다. 하지만 실험실의 문화, 그곳에서 일하는 사람들의 사회적 문화적 관계, 실수나 오류를 어떻게 받아들이고 수정하려고 하는지에 대한 기관이나 사회의 수용 태도 등과 같은 보이지 않는 과학 인프라는 하루아침에 만들 수 없습니다. 과학 분야에서 선진국과 뒤처진 국가의 차이는 단순히 연구를 수행할 수 있는 건물, 비싼 장비, 연구비와 같은 물질적 지원, 박사학위 소지자의 숫자와 같이 눈에 보이는 수치뿐 아니라, 앞서 말한 것과 같은 연구자들의 민주적 관계, 자유롭게 생각할 수 있는 분위기와 같이 눈에 보이지 않는 실험실 내에서의 연구 문화의 발전 정도에서 기인하는 바가 크다고 생각합니다. 우리나라는 과학 기술 분야는 다른 분야와 마찬가지로 아주 짧은 시간 안에 비약적으로 발전했습니다. 하지만 연구 예산의 증액이나 기술적인 진보를 뒷받침할 과학 문화, 연구실 문화가 선진국 만큼 성숙했는가에 대해선 아직도 확실히 대답할 수 없는 현실입니다.

더 살펴볼 과학자

리처드 파인만
Richard Philips Feynman

미국의 이론 물리학자로 프린스턴 대학에서 박사학위를 수여 받았으며,
양자전자기학을 개척한 공로로 1965년도에 노벨 물리학상을 수상했다.
학자로서의 업적뿐 아니라 대중에게도 널리 알려진 물리학자로 특히
우주왕복선 챌린저 호 폭파사고의 원인을 조사한 'Rogers Commission'의
일원으로 더욱 유명해졌다. 파인만은 양자컴퓨팅의 초기 이론 정립에
기여했으며, 특히 이 연구들은 후에 나노 테크놀로지의 새로운 장을 여는 데
영향을 미쳤다. 대중과학서 작가로도 큰 인기를 끌었는데 대학 학부생을 위해
쓴 『파인만의 물리학 강의』와 『파인만 씨 농담도 잘하시네 (Surely you're joking,
Mr. Feynman)』와 같은 서적들은 우리나라에서도 잘 알려져 있다.

과학, 그게 최선입니까? –
윤리가 과학에 묻는 질문들

토론할 거리

1

어떤 과학자가 거금의 정부 연구비 지원을 받고 연구를
진행했지만, 실험이 실패로 돌아가고 아무런 결과물도 얻지
못했습니다. 이 과학자에게 어떤 법적 혹은 윤리적 책임을
물어야 할까요?

2

보통 대학 실험실에서는 많은 사람들이 함께 연구하는 경우가
흔합니다. 제일 상관에 해당하는 지도교수를 중심으로
그 밑에 박사급 연구원, 대학원생, 학부생, 인턴 등이 함께
일하는 경우가 일반적이죠. 지도교수가 연구방향을 지시하면,
연구실 위계에 따라 아래로 명령처럼 전달되는 경우가
많습니다. 이런 실험실에서 연구윤리의 문제가 없이 좋은
협력적 관계를 유지하려면 어떠한 조직 문화가 필요하다고
생각하십니까? 그리고 그러한 문화를 지속하기 위한 실행
방안에는 무엇이 있을지 토론해 봅시다.

3

노벨상의
두 얼굴

매년 10월이 되면서 날씨가 쌀쌀해질 때면, 우리나라는 언제 노벨상을 받게 되냐는 한숨 어린 얘기들과 기사들이 보이기 시작합니다. 과학 분야에서 가장 권위 있는 상인 노벨상은 과학자 개인의 영예이기도 하지만 한 나라의 과학 기술 발전 정도를 보여주는 중요한 척도이기도 하기 때문입니다. 안타깝게도 우리나라에서는 아직 과학 분야의 수상자가 없지만, 언젠가는 그런 날이 오기를 모두 기대하고 있습니다.

노벨상의 명암

그렇지만 노벨상의 영광 이면에는 어두운 부분들도 상당히 있습니다. 노벨상의 시상자 선정과정에서부터 여러 가지 말들이 많습니다. 최근 들어 많이 개선된 편이지만 여전히 역대 물리, 화학, 생리학 분야 노벨상 수상자 중 여성의 비율은 채 3%가 되지 않으며 흑인은 한 명도 없습니다. 물론 과학계 종사자 중에 이들의 비율이 상대적으로 낮긴 하지만, 그럼에도 불구하고 노벨상이 다양성을 충분히 포용하지 못한다는 비난은 상당히 타당하다고 생각합니다. 또 한 분야 내에서도 세부 전문 분야가 다양한데 특정 분야의 업적이 상대적으로 뛰어나다고 결정하는 일은 쉽지가 않습니다. 즉 심사자의 주관이 개입될 여지가 있습니다. 이러한 이유로 대부분의 선진국에서는 자국의 스타급 과학자들이 노벨상에 진입할 수 있도록 다양한 경로로 로비를 펼치는 것으로 알려져 있습니다. 물론 누가 봐도 뛰어난 업적의 과학자들이 수상하긴 하지만 뛰어난 사람이 너무 많은 것도 문제고, 또 한 가지 업적에 참여하는 과학자들의 수가 많은데 그 중 3명에게만 공동 수상이 가능하다는 것도 문제점으로 지적되고 있습니다.

그리고 노벨상 수상 이후에는 수상자들에게 과도한 권위가 주어지는 문제도 있습니다. 실제로 노벨상 수상자들의 연구 '생산성'을 보면 수상 이후에 급격히 떨어진다는 연구 결과도 있습니다. 대부분 세계를 돌아다니며 강연을 많이 하다 보니 생기는 부작용이기도 하지만, 일부 수상자들은 그 이상의 문제를 일으키기도 합니다. 예를 들면, 자신이 잘 모르는 분야에 노벨상 수상자라는 권위로 잘못된 과학적 정보를 전달하기도 하고, 또 어떤 이들은 사회활동이나 고등교육 개혁에 참여했다가 오히려 사회에 해가 되는 결과를 만들어내기도 했습니다.

노벨상의 어두운 면은 이 책에서 다루는 몇몇 과학자들에게서도 쉽게 드러납니다. 화학 질소비료를 만드는 새로운 방법을 고안해서 노벨상까지 수상했던 하버는 나치의 부역자로서 사람을 죽이는 화학무기를 만드는 데 기여한 전범입니다. 왓슨과 크릭은 DNA 이중 나선구조를 발견한 공로로 노벨상을 받았는데, 사실 왓슨은 동료였던 프랭클린의 결정적인 실험 결과를 몰래 훔쳐봐서 아이디어를 얻은 것으로 유명하죠. 공정하지 못한 시상이었습니다. 또 앞서 말한 밀리컨의 경우 노벨물리학상을 수상했지만, 그가 수행했던 기름방울 실험에서 자신이 원하는 결과만을 뽑아내서 결론을 낸, 요즘 말하는 연구윤리 위반 사항이 있었습니다.

노벨상 수상자들의
논란거리

노벨상 수상과 관련해 사람들에게 덜 알려진 뒷이야기도 많이 있습니다. 혹시 '마이신'이라는 약 이름을 들어보신 적이 있나요? 마이신은 정확히 말해서 '스트렙토마이신 (Streptomycin)'이라 불리는 1세대 항생제로, 미국 럿거스 대학의 왁스만(Selman Waksman) 교수가 발견했습니다. 제가 어릴 때만 해도 심심치 않게 결핵에 걸려 사망하는 경우를 봤지만, 마이신 덕분에 이제 결핵은 불치의 병이 아닙니다(Schatz et al., 1944). 우리나라가 아직 결핵 퇴치 국가는 아닙니다만 이 항생제 덕분에 결핵을 큰 병이라 생각하는 사람은 없습니다. 이 공로로 왁스만 교수는 1952년 노벨생리의학상을 받았지요.

그런데 실제로 3~4년에 걸쳐 토양을 분석하며 이 항생제를 만들어내는 미생물을 찾아낸 사람은 왁스만 교수 자신이 아니고, 그 밑에서 박사후 연구원을 하던 알버트 샤츠(Albert Schatz) 박사였습니다. 처음 발표한 논문의 제1 저자도 샤츠였고, 이후 특허 등록을 할 때도 샤츠는 두 번째로 이름을 올렸죠. 특허로 꽤 돈이 모이기 시작하자, 모든 이익금을 학교에 반환하겠다는 왁스만 교수의 말을 믿고 샤츠는 특허로 생기는 수익을 포기하기로 했습니다. 그런데, 나중에 알고 보니 왁스만 교수는 회사에서 따로 돈을 받기로 되어 있었습니다. 결국 샤츠 박사는 이 건을 법정까지 끌고 갔고, 일부 승소해서 약간의 돈을 받아내기도 했습니다. 나중에 노벨상 수상자에는 왁스만 교수의 이름만 올라갔는데, 이런 사연 때문에 노벨상 수상 이유가 '스트렙토마이신을 발견한' 공로가 아닌 '스트렙토마이신의 발견까지 가능하게 한 토양 미생물의 연구에 대한' 공로로 문구가 바뀌기도 했답니다. 재주는 곰이 넘고, 돈은 왕서방이 번다는 속담이 딱 맞는 경우 같습니다.

　　　노벨상에 도전할 정도의 첨단 연구는 서로 다른 과학자들이 경쟁적으로 진행하기도 하고, 또 여러 사람이 협력해야만 좋은 결과를 얻어내는 것이 가능하기도 합니다. 노벨상은 분야당 3명까지만 공동 수상이 가능합니다. 이러하다 보니 참여한 연구원들의 연구 업적이 정당하게 인정받았는지에 대한 논란도 끊이질 않습니다. 2008년 초록색 형광을 내는 단백질 발견으로 세 명의 과학자가 노벨상을 수상했습니다. 그런데 실제로 이 물질이 생물학 연구에 적용이 가능하다는 것을 증명한 사람은 더글러스 프레셔(Douglas Prasher)라는 과학자였는데, 정작 그는 업적을 인정받지 못했고 과학자의 길을 접기까지 했습니다. 이 연구에 대한 노벨상 수상자가 발표되었을 때, 프레셔는 연구소를 떠나 미국의 한 시골에서 셔틀 버스 운전사로 일하고 있다는 것이 밝혀져서 많은 사람의 관심을 끌기도 했죠.

　　　이보다는 덜 알려졌지만 1946년 노벨상을 수상한 뮐러(Hermann Muller)의 경우도 과학 윤리를 공부하는 사람들 사이에서는 아직도 논쟁거리입니다. 뮐러는 초파리에게 X-선을 쬐어주면 유전자에 돌연변이가 생길 수 있다는 것을 처음 발견한 공로로 노벨상을 수상했습니다. 그런데 사실 처음 이 현상을 보고한 논문에는 데이터가 전혀 없습니다. 이 상을 수상하게 만들어 준 논문은 유명한 〈사이언스〉라는 잡지에 실렸는데 이 논문에는 일반적인 과학 논문과 달리 아무런 데이터도 없고, 그냥 이런 현상이 일어날 것이라는 주장만 실려 있습니다(Muller, 1927). 당시 사료를 조사해본 학자에 따르면 이미 6개월 전에 다른 경쟁 그룹에서 비슷한 주장을 다른 논문에 실었다고 합니다. 아마도 자신만의 고유한 발견이라는 것을 강조하기 위해서 과학 논문이 갖추어야 할 기초적인 조건도 갖추지 못한 논문을 급히 발표했던 것 같습니다. 또 보통 연구 결과를 논문에 발표하기 위해서는 동료 심사라는 절차를 거쳐야 하는데, 지금 추측으로는 이 절차도 제대로 밟지 않은 것으로 보입니다. 물론 뮐러가 이 분야의 최고의 대가였긴 하지만, 노벨상을 수상하게 된 논문에 실제 데이터로 표현된 결과물이 하나도 없었다는 것은 놀라운 일입니다.

노벨상의 권위가
가져온 문제

이러한 논란에도 불구하고 어쨌든 노벨상은 세계가 인정하는 최고의 영예임이 틀림없습니다. 노벨상 수상자는 대중들에게 특별한 사람으로 인식되고, 그들이 하는 말은 큰 권위를 갖게 됩니다. 이 권위가 오히려 잘못된 방향으로 흘러간 경우도 있습니다. 그 첫 번째는 노벨상을 두 번이나 수상한 라이너스 폴링(Linus Pauling)의 이야기입니다. 폴링은 단백질의 3차원 구조를 발견해서 노벨 화학상을 수상한 화학자이자 분자생물학의 창시자 중 한 명입니다. 이후에는 반핵평화 운동을 편 공로로 노벨 평화상도 수상했습니다. 평생에 한 번 받기도 어려운 노벨상을 두 번이나, 그것도 서로 다른 분야에서 수상한 것은 폴링과 퀴리 부인뿐입니다. 이렇게 대단한 학자이자 사회 운동가에게도 어두운 면이 있습니다. 건강을 위해 먹는 영양제 성분으로 사람들에게 가장 잘 알려진 것은 비타민 C입니다. 비타민 C가 몸에 좋다는 생각이 널리 퍼지게 된 데에는 폴링 교수가 큰 역할을 했습니다. 건강이 별로 좋지 않았던 폴링은 검증된 의학 대신에 건강 보조 식품을 먹어서 병을 치료하고 건강을 회복할 수 있다는 생각에 깊이 빠져들었습니다. 이러한 맥락에서 비타민 C를 과다할 정도로 복용해야 질병 예방도 가능하다는 주장도 폈습니다. 노벨상을 두 번이나 수상한 사람의 말이니 대중들이 얼마나 귀 기울여 들었을지 떠올리기 어렵지 않으실 겁니다. 사실 의학 전문가들은 비타민 C의 효과에 대해서 의심을 가지고 있습니다. 비타민 C가 몸에 꼭 필요하긴 하지만, 약으로 많이 먹기보다는 과일이나 채소로 섭취하는 것만으로도 충분하다는 것이 정설입니다. 저도 비타민 C를 가끔 먹기는 합니다만, 이 노벨상 수상자의 말을 어디까지 믿어야 할지는 잘 모르겠습니다.

노벨상 수상자의 잘못된 영향력은 아주 최근에도 나타나고 있습니다. 바로 지금도 우리 삶에 영향을 미치고 있는 코로나19의 유래와 이를 퇴치하기 위한 백신에 관한 내용입니다. 물론 언제든지 뒤집힐 수 있는 가설이긴 하지만 현재까지 모인 과학적 근거들을 살펴보면 코로나19 바이러스는 자연에서 유래한 것이 유력합니다. 하지만 몇몇 과학자들이 코로나19 바이러스가 실험실에서 만들어졌다거나 중국에서 생물학적 무기를 연구하다가 실수로 유출되었다는 근거 없는 낭설을 주장하고 있습니다. 이런 주장을 하고 있는 사람 중에 프랑스 과학자인 뤼크 몽타니에(Luc Montagnier)도 포함되어 있습니다. 그는 AIDS를 일으키는 HIV(Human Immunodeficiency Virus; 인간면역결핍 바이러스)를 발견한 공로로 2008년 노벨상을 수상한 저명한 학자입니다. 이런 명망가들의 잘못된 주장으로 인해서 프랑스에서는 백신을 못 믿겠다는 의견이 많아지고 나아가 코로나19 바이러스 사태가 제약사들의 농간이라는 둥, 세계 경제 정치를 장악하려는 음모 세력의 작전이라는 둥 황당한 음모론까지 그럴싸하게 퍼지기도 했습니다.

사실 몽타니에 박사는 이전에도 병원성 미생물의 DNA에서 전자기파가 나온다는 신뢰할 수 없는 논문을 발표해서 다른 노벨상 수상자들을 경악게 한 전력이 있는 인물입니다. 기존의 이론과 배치되는 새로운 발견은 과학에 발전에 있어서 중요한 과정입니다. 하지만 DNA에서 전자기파가 나온다는 논문을 충분히 검증받지 않은 상태에서 노벨상 수상자라는 명망으로 이곳저곳에서 이 주제로 강연을 하기도 했습니다. 특히 노벨상 수상자들이 모여서 발표하는 행사장에서 이에 관한 강연을 해서 다른 노벨상 수상자들이 퇴장하기까지 한 사건은 아주 유명한 일화입니다.

노벨상의 어두운 이야기만 늘어놓아서 인류 지성의 발전을 이끌어온 대다수의 수상자에게 좀 미안한 마음이 듭니다. 이들이 없었다면 우리가 알고 있는 과학적 지식뿐 아니라, 우리가 누리고 있는 문명의 혜택도 없었겠죠. 이들의 업적은 인류 문명의 총아이자 최고봉이라 칭찬받아야 마땅합니다. 그렇지만 과학의 권위와 사실 여부는 상의 권위에서 나오는 것이 아니라 데이터와 논문에서 비롯됩니다. 노벨상 수상자 아니 그보다 더한 권위를 가진 사람이라도 사실과 부합되지 않는 그리고 과학적 방법으로 증명되지 않는 주장을 한다면 비판할 수 있는 사회가 진정으로 높은 수준의 과학을 가질 수 있는 것입니다.

라이너스 칼 폴링
Linus Carl Pauling

미국의 화학자, 생화학자이자 평화운동가로 1901년에 태어나 1994년에 사망했다. 폴링은 양자화학과 분자생물학의 창시자 중 한 명으로 전자 혼성궤도함수(Orbital hybridization)나 원소의 전자음성도 등에 대한 초기 연구를 이끌었다. 특히 단백질의 구조에 대한 새로운 사실들을 밝혀내어서 단백질 2차 구조인 '알파 헬릭스(alpha helix)', '베타 쉬트(beta sheet)'등의 역할과 나중에 엑스선 회절실험의 기반을 다진 연구를 수행했다. 이런 공로로 1954년에 노벨 화학상을 수상했다. 이후에는 반핵평화 운동에 전념해서 1962년 노벨 평화상도 수상했다. 한편 비타민을 포함한 보조 영양제를 섭취하는 것을 강조하는 운동도 폈는데 대부분의 과학자들에게는 받아들여지지 않았다.

과학, 그게 최선입니까? -
윤리가 과학에 묻는 질문들

토론할 거리

1

우리나라에서도 노벨상 수상자를 배출하려면 뛰어난
과학자들을 선발해서 많은 연구비와 좋은 연구환경을
제공하고 마음껏 연구할 수 있도록 정부가 지원해줘야 한다고
주장하는 사람들이 많습니다. 반면 어떤 이들은 이렇게 소수를
지원해주는 것보다는 개별적으로는 소액이라도 많은 수의
과학자들을 골고루 지원하는 것이 더 좋은 결과를 얻게 될
것이라 주장합니다. 어떤 방법이 과학을 발전 시키는데 더
효과적일지 토론해 보세요

2

노벨상을 받은 후 상을 받은 연구를 계속하는 사람도 있지만,
사회운동 등 세상을 더 나아지게 하는 데 노벨상의 권위를
이용하는 사람도 있습니다. 만일 본인이 노벨상을 수상하게
된다면 어떤 일을 하고 싶은지 그리고 그것에 윤리적인 문제는
없는지 토론해 보세요.

4

과학자의
연구윤리

1974년 뉴욕의 한 연구소에서 쥐를 가지고 피부 이식 연구를 하던 '윌리엄 서멀린(William Summerlin)'박사가 있었습니다. 큰 상처를 입어서 피부를 다친 사람들에게 다른 사람의 피부를 안전하게 이식시킬 수 있다는 것은 매우 필요한 의학적 기술이지만 결코 쉬운 일이 아니었습니다. 우리 몸의 면역세포들이 이식된 다른 사람의 피부를 침입자로 생각해서 공격하기 때문입니다. 이식받는 사람의 면역력을 억제하면 피부 이식이 안정적으로 이루어지지만, 낮아진 면역으로 인해 다른 질병에 걸릴 수 있어서 이 기술은 큰 난제로 남아 있었습니다. 해서 서멀린을 포함한 여러 학자들이 한 개체에서 얻어진 피부 세포를 면역 거부 반응 없이 다른 개체에 안정적으로 안착시키는 연구를 경쟁적으로 진행하고 있었습니다.

연구 결과를 내야 한다는 압박에 시달리던 서멀린 박사는 검은 쥐의 피부를 흰 쥐의 피부로 이식하는 데 성공했다는 증거로 피부 일부분에 검은 얼룩을 가진 흰 쥐를 만들어서 자신의 상관에게 보여줍니다. 이들은 자기들이 개발한 특별한 용액에 이식할 피부를 일정 기간 담아둔 후 피부 이식을 하면 면역 거부 반응이 일어나지 않는다는 결과를 발표했습니다. 〈미국의학회지(Journal of the American Medical Association)〉와 같은 과학 학술지 뿐 아니라 일반 언론에서도 놀라운 결과라고 대서특필 되었는데, 문제는 이후 다른 연구진들이 이 용액을 이용해 반복해서 실험을 진행했지만 같은 결과를 얻을 수 없었다는 점입니다. 결국 나중에 이 결과를 의심해서 자세한 조사가 진행되자 놀라운 사실이 밝혀졌습니다. 알고 보니 이건 그냥 흰쥐에 검은 사인펜으로 색칠을 해서 만들어낸 가짜 실험 결과였습니다.

연구부정행위

하얀 쥐에 검정 사인펜을 칠할 정도의 황당한 조작은 흔하지 않은 일입니다만, 과학계에서 크고 작은 데이터 조작은 상당히 많이 일어납니다. 마치 학생들이 시험 중에 다른 사람의 답안지를 훔쳐보거나 '컨닝 페이퍼'를 만드는 것처럼 과학자들 역시 해서는 안 되는 행동을 하곤 합니다. 과학계에서는 이를 '연구부정행위(Research misconduct)'라고 합니다. 연구부정행위란 '과학연구(scientific research)'의 고유한 활동 중에 나타나는 부정행위를 포함해 표절 등 연구와 관련된 여러 가지 절차에서 나타나는 잘못된 행동 전체를 말합니다. 그럼 실험실 물품을 몰래 집에 가져가서 사용하거나, 연구대상인 인간이나 동물을 가혹하게 대하는 것도 연구부정행위일까요? 그런 행동은 윤리의 문제를 넘어서 법으로 처벌받아야 할 범죄행위여서 보통 이를 연구부정행위의 문제로 간주하지는 않습니다.

또 '좋은 연구 활동(good research practice)'에서 어긋난다고 해서 무조건 연구 부정행위는 아닙니다. 예를 들어, 대조군(control group)을 잘못 사용하였다든지 하는 것은 '정직한 실수'로서 과학적으로는 심각한 문제이지만, 이는 윤리적인 문제라기보다는 연구자의 무능력(incompetence) 문제입니다. 연구 부정행위의 역사는 과학의 역사만큼이나 오래되었습니다. 그중에는 아주 사소한 자료 조작도 있지만 아주 극단적인 경우에는 '사기'라고 부를 만한 것들도 있습니다. 물론 처음부터 작정하고 사기를 치려는 과학자는 많지 않지요. 어떤 경우에는 마감일을 지키기 위해 서두르다 지쳐서 실수하는 경우도 있고, 연구자들의 부주의와 연구의 질적 관리(quality control)가 제대로 안 되어서 자료가 조작되기도 합니다. 이 장에서 주로 논의하고자 하는 연구 부정들은 '사기'에 해당될 정도의 문제는 아니지만 '의도된' 연구 부정에 관한 문제들입니다.

연구부정행위의
유형과 내용

과학자들이 저지를 수 있는 연구 부정행위는 크게 세 가지 유형, '위조(Fabrication)', '변조(Falcification)', '표절(Plagiarism)'로 나뉘는데, 위조와 변조를 합쳐서 '자료 조작'이라고 합니다. 위조란 쉽게 말해서 하지도 않은 실험 결과를 마치 실험한 것처럼 꾸며, 가짜 결과를 만들어내는 것입니다. 이에 비해, 변조란 자료, 실험, 기타 중요한 정보를 변형하거나 잘못된 방식으로 해석하는 것으로, 연구자의 경력이나 자격에 대한 문제도 포함합니다. 쉽게 말해서 이미 있는 자료나 사실을 왜곡하거나 변형해서 자기에게 이롭게 만드는 행위를 말합니다. 마지막으로 표절이란 남의 업적이나 아이디어를 자기 것으로 표현하는 행위를 말합니다. 쉽게 말해서 남의 것을 훔치거나 베껴서 자기 것인 양 발표하는 것이죠. 이들 각각에 대해서 하나씩 살펴보도록 하겠습니다.

위조는 없는 자료를 만들어내는 것이니 그 의도나 잘못이 아주 뚜렷합니다. 하지만 변조의 경우에는 이것이 정말로 의도

된 연구 부정인지 판단이 쉽지 않은 경우가 많습니다. 제가 한 가지 예를 들어보겠습니다. 어떤 연구자가 황사 먼지가 폐에 미치는 영향을 알아보기 위해 실험용 쥐를 이용해 실험을 수행했습니다. 이 연구자는 실험용 쥐가 황사 먼지를 인위적으로 마시도록 하는 실험을 수행했는데, 처음 네 번의 독립된 실험에서는 아무런 징후가 없었고, 다섯 번째 독립된 실험에서만 악영향이 발견되었습니다. 만약 이 연구자가 다섯 번째 실험의 결과만을 보고하고 앞선 네 번의 실험 결과를 무시한다면 이는 원칙적으로 실험 결과를 변조한 것입니다. 그러나 연구자 자신이 앞서 실행한 네 번의 실험 결과가 기술상의 미숙에 의하거나 잘못된 실험 방법이었다고 판단해 보고하지 않았다면 그 실험 결과를 변조했다고 비난할 수 있을까요?

이처럼 실험실에서 이루어지는 일에 대해 그것이 변조인지 아닌지를 구분해내는 것은 매우 어려운 일입니다. 1장에서 얘기했던 밀리컨의 경우가 대표적인 사례입니다. 이 경우 밀리컨이 자료를 변조했다고 비난할 수도 있지만, 다른 측면에서는 전문가적 직관으로 잘못된 자료를 걸러냈다고 이해할 수도 있는 것입니다. 즉, '자료 선택(selection data)' 자체는 정상적인 과학 활동의 일부로, 잘못된 자료를 버리거나(예를 들어, 오염된 시료), 통계적으로 확인된 '이상치(outlier)'를 삭제하는 과정 등으로 적절한 기준을 사용한다면 문제가 없습니다.

현대 과학의 자료는 종류와 성격도 복잡해져서 수치를 종이에 기록하는 것에 그치지 않고 여러 가지 사진, 디지털 파일, 인쇄물 형태로 표현됩니다. 이러한 자료들을 변조할 수 있는 컴퓨터 기술은 점점 발전하고 있습니다. 또 서로 다른 전문성을 가진 과학자들이 공동으로 연구하는 것이 일반화 되면서 한 과학자가 변조를 해도 나머지 공동연구자들은 이를 눈치채기 어려운 상황입니다. 이러한 애매한 변조의 문제를 피할 방법은 없을까요?

다행히 과학계에서는 독립적인 연구자들이 독립적으로 연구를 수행해서 어떤 현상의 반복성을 재현할 수 있어야 진정한 과학적 성과로 인정받는 시스템을 가지고 있습니다. 즉 한 실험자의 오류가 여러 과학자들의 '의도하지 않은' 검증을 통해 제거될 수 있는 것입니다. 예를 들어, 한 과학자가 실험상의 오류를 인지하지 못한 채 논문을 학술지에 발표한 경우, 다른 과학자들이 다른 논문을 통해 그 실험을 재현할 수 없다거나, 전혀 다른 방향의 결과들이 얻어진다는 사실을 발표할 수 있습니다. 이러한 과정을 통해 처음 발표된 논문이 잘못된 결과라는 것이 과학계에 알려지게 되면서 결국 한두 사람의 의도하지 않은 변조가 자동적으로 걸러지게 되는 것이죠. 앞에서 말한 서멀린 박사의 경우도 결국 다른 연구 그룹에서 실험이 재현되지 않는 문제가 제기되었습니다.

표절 문제

과학계에 또 다른 흔한 연구 부정 행위는 표절입니다. 표절은 일차적으로 다른 사람의 생각, 특히 글로 표현된 누군가의 생각을 적절한 인용 표시 없이 무단으로 사용하는 것으로 규정할 수 있습니다. 첫 번째로 가장 일반적인 표절의 사례는 다른 사람의 글을 인용 표시 없이 문장 그대로 사용하는 경우입니다. 물론 연구라는 것이 어느 날 갑자기 새로운 사실을 밝히는 것이 아니라 선행연구를 참조하거나 인용해야 하는 경우가 많습니다. 이 경우에는 큰따옴표와 같은 인용부호를 붙이거나 다소 긴 문장인 경우에는 문단을 나눠 1행을 띄우고 문단 들여쓰기를 해서 반드시 인용문(quotation)임을 표시한 다음 그 끝부분에 출처를 밝혀야 합니다. 만일 표현을 달리하여 기존 문헌에 있는 내용을 언급(citation)하더라도 출처를 밝혀야 합니다. 즉 자신의 아이디어가 아니고 다른 사람의 생각을 이용해서 주장을 펼 경우에는 참고문헌을 통해서 그 출처를 밝혀야 합니다.

두 번째 표절의 예는 문장 이외에 다른 형식의 자료에서도 나타날 수 있습니다. 예를 들어 과학자들이 사용하는 표, 그림, 모식도, 슬라이드, 컴퓨터 프로그램, 수학해 등의 자료를 제시하는 과정에서도 표절이 발생할 수 있습니다. 세 번째 예는 좀 더 복잡한 표절의 예인데, 같은 종류의 자료를 두 개 이상의 서로 다른 학술지에 투고하는 행위도 있습니다. 이것은 일종의 '자기 표절(self plagiarism)'로서, 남의 글을 베껴 쓰는 것만 문제가 되는 것이 아니라 자신이 이미 발표한 내용을 다시 사용하는 경우도 문제가 됩니다. 이를 '이중 게재(dual publication)' 라고도 부릅니다. 일부 과학자들의 오해 중 하나가 내가 만든 자료는 다 내 것이고 마음대로 사용해도 된다고 생각하는 것입니다. 그렇지만 이미 논문으로 발표된 내용은 자료가 내 것이라고 해도 다시 다른 논문에 무단으로 사용할 수 없습니다. 왜냐하면 학술지에 발표된 결과물은 이미 공식적인 자료이며 이를 다른 학술지에 사용하는 것은 일종의 저작권을 침해하는 일이기 때문입니다. 이런 이유로 대부분의 학술지는 논문 투고 당시부터 이 원고가 다른 학술지에 이미 게재되었거나 게재를 목적으로 심사를 받고 있지 않다는 점을 명확히 밝히도록 요구하고 있습니다.

비윤리적인 행동의
근본 원인

그렇다면 왜 과학자들은 이런 비윤리적인 행동을 하게 되는 것일까요? 어떤 사람들은 연구 부정 행위를 한 과학자들을 더 강력하게 처벌하면 문제가 해결될 것이라 목소리를 높이기도 합니다. 하지만 많은 범죄가 그러하듯이, 연구 부정 행위를 막기 위해 단순히 처벌이나 도덕적 각성을 요구하는 것만으로는 충분치 않습니다. 과학자나 공학자가 왜 자료를 조작하는가에 대한 이유를 이해해야만 이러한 문제를 근본적으로 없앨 수 있기 때문입니다. 과학자가 연구 부정행위를 저지르는 가장 큰 이유 중 하나는 연구 성과에 대해 과도한 압박감을 느끼기 때문입니다. 특히 현대의 연구실은 대규모 장비와 비싼 재료, 그리고 연구원들의 인건비 등을 확보하기 위해 많은 액수의 연구비를 수주해야 하고, 이런 연구비는 대부분 과학자들 간의 경쟁에 근거하고 있습니다. 또 대다수의 연구소와 대학들은 승진과 임금을 결정하는 가장 기본적인 근거 자료로 연구 성과를 활용하고 있습니다. 이런 환경에서 연구자는 자신이 얻은 연구 결과와는 상관없이 연구 성과를 독촉하는 대상이 기대하거나 선호하는 결과물을 제출하고 싶은 유혹에 빠지게 됩니다.

두 번째는 자신의 '가설'을 너무 강력히 신뢰하는 경우입니다. '관찰자 편견(Observer bias)'이라고도 하는 이 경우는 자기가 예상하는 것을 주로 보게 되는 경향을 말합니다. 어떤 경우에는 전혀 예측할 수 없는 실험이나 연구를 수행할 수도 있지만, 대부분의 연구는 '가설'에 근거하여 시작됩니다. 어떤 경우에는 연구자가 실험을 수행하기에 앞서 이미 결과를 지나치게 확신하는 경우가 있고, 여기에 바로 자료 조작의 함정이 숨어 있을 수 있습니다. 특히 지도교수나 연구책임자가 특정한 결과가 나와야만 한다고 압박하는 경우 밑에 있는 연구원이나 대학원생들은 그 결과가 나올 때까지만 실험을 하려는 경향이 생길 수도 있습니다. 즉 원하는 결과가 나오지 않으면 실험을 반복하지만, 가설에 맞는 경향이 나오면 실험을 중단하고 그 결과를 발표하게 되는 상황을 말합니다. 물론 과학자들은 이런 관찰자 편견을 막기 위해 여러 가지로 노력하고 있습니다. 예를 들어, 인간을 대상으로 한 의학 실험에서는 피실험자로 하여금 자신이 실험 집단인지 대조 집단인지 알지 못하게 하는 '이중암맹실험(double-blind test)'을 수행합니다. 또 연구실의 민주적이고 객관적인 분위기를 갖추기 위한 제도들을 도입한 대학과 연구소들도 많이 있습니다. 그러나 여전히 자신이 보고 싶은 결과만 주목하려는 경향을 없애기는 쉽지 않습니다.

연구 부정의 세 번째 이유는 자신이 노력한 만큼 연구 성과가 나타나야 한다는 연구자의 믿음을 들 수 있습니다. 많은 시간과 노력을 투자하여 수행한 연구의 결과가 의미 없는 것으로 나타났을 때, 연구자들은 실망과 동시에 자신의 노력에 대한 대가가 필요하다고 느낄 수 있습니다. 즉 스스로 열심히 노력했으니 당연히 좋은 결과가 따라야 한다는 보상심리를 갖게 되면 연구 결과를 조작해서라도 자신의 노력을 보상받고 싶어지는 유혹에 빠지기 쉬워지는 것입니다.

마지막으로 연구 부정이 일어날 수 있는 또 하나의 환경은 일반적이고 관행적인 연구 활동에서 벗어난 상황에 놓여 있을 때입니다. 이를테면, 논문이나 보고서를 만들면서 엄격한 동료 심사의 절차를 거치지 않는다든지, 정치적 혹은 종교적 신념 등으로 인해 자신이 실험을 통해 얻어낸 결과의 자료에 대해 객관적이고 논리적인 사고를 할 수 없는 상황 등을 말합니다. 또한 과학자가 자신의 실험 결과물과 이것에 근거한 자신의 주장을 논문이나 학술지에 발표하는 게 아니라 언론 활동, 정치 활동, 시민 활동 등에 직접 활용하려고 하는 경우에도 이러한 문제가 생길 소지가 있습니다. 과학적 내용을 결과 위주로 대중들에게 직접 전달할 경우에는 비전문가가 자료 조작이나 오류 사실을 검토하고 지적하기가 어렵기 때문입니다.

　　이처럼 과학자들이 자료를 위조, 변조하거나 남의 논문을 표절하는 것은 개개인의 양심 문제만은 아닙니다. 과학이라는 학문 자체의 특성상 그리고 과학자들이 활동하고 있는 사회 자체에서 과학자들의 비윤리적인 행동을 부추기는 구조와 원인을 명확히 밝혀 이해하는 것이 문제 해결의 시작점이 될 것입니다. 그리고 이 문제들을 제거하기 위한 법적, 제도적 노력, 더불어 과학을 수행하는 과정에 관련된 문제를 구체적으로 교육하고 연구 부정을 막기 위한 연구 문화를 만드는 것이 중요할 것입니다.

토론할 거리

1

학부생 A군은 여름 방학 동안 교수님의 연구실에서 대학원생
B의 지도로 물시료의 pH를 매일 측정하는 실험을 수행했다.
몇 년 후 관련 학술지를 보다가 우연히 자신이 실험한 내용으로
대학원생 B와 교수님이 논문을 발표한 것을 알게 되었다. 자신
즉 A의 이름은 뺀 채 말이다. 학부생 A군은 자신의 연구 결과를
부당하게 빼앗긴 것일까? 어떤 종류의 기여를 해야 논문의
저자로 참여할 수 있는지에 대한 자료를 모아보고 이를 토대로
토론해 보자.

2

대학원생 C양은 자신이 석사 과정 동안 수행한 연구 결과를
토대로 지도교수와 함께 국제학술지에 논문을 게재하였다.
이후 박사과정을 수행하며 유사한 실험을 수행했지만,
이상하게도 이전과는 다른 결과가 계속 관측되었다.
이를 이상히 여겨 석사 과정 동안 기록한 연구 노트를 다시
검토해본 결과 자료의 계산에 중대한 오차가 있음을 알게
되었다. 지도교수에게 이를 알렸으나 이미 심사를 마치고
인쇄까지 마친 상태이므로 어쩔 수가 없다는 말을 듣게 되었다.
대학원생 C양도 이 논문을 토대로 국가장학금도 받은 상태고
지도교수도 승진에 이 논문을 업적으로 제출한 터라, 논문을
이제 와서 취소하면 모두에게 곤란한 상황이 벌어질 것으로
예상되는 상황이다. 이때 C양은 어떤 행동을 취해야 할 것인가?

5

진짜보다
더 진짜 같은
가짜 과학

–

유사과학

2018년 침대 매트리스에서 몸에 해로운 성분이 나왔다고 TV와 뉴스에서 크게 보도한 적이 있습니다. 발암 물질이자 방사능이 나오는 '라돈' 성분이 발견되어서 이것을 어떻게 수거하고 처리할지를 놓고 큰 난리가 난 사건이었죠. 도대체 매트리스에서 왜 라돈이 나온 걸까요? 그 배경에는 '음이온'이 몸에 좋다는 속설이 있었습니다. 그 속설에 따라 침대 매트리스를 만들 때 음이온이 나오는 물질을 섞었는데, 이것에서 방사능이 나오는 것을 미처 알아보지 못했던 거죠. 사실 음이온이 몸에 좋다는 얘기에는 어떤 과학적 근거도 없습니다. 그런데도 사람들은 숲속에 음이온이 많아서 산속에 있는 것이 건강에 좋다고 믿거나, 음이온이 나온다는 공기청정기나 정수기를 비싼 값에 사기도 합니다.

우리 주변에 흔한
유사과학

이처럼 과학적 근거는 없지만, 뭔가 과학처럼 들리는, 그래서 진짜보다 더 진짜처럼 들리는 가짜 과학을 '유사과학(類似科學)'이라고 부릅니다. 주변에서 일본이나 중국에 여행 다녀오면서 건강에 좋다는 게르마늄 팔찌나 목걸이를 선물로 사다 주시는 것을 보신 적 있나요? 이런 것도 근거가 없는 유사과학입니다. 특정 음식 한 가지만 먹으면 병이 낫는다거나, 어떤 방향으로 가구를 배치하면 돈이 쉽게 벌린다거나, 달의 위치가 어디에 있을 때 사업을 시작해야 성공한다거나 하는 등의 주장들은 모두 유사과학에 근거한 이야기들입니다.

평범한 사람들이 많이 믿고 있는 유사과학 중 하나가 혈액형이 사람의 성격을 결정한다는 주장입니다. 아마 주변 친구들과 이런 얘기 많이 해봤을 겁니다. 저도 혈액형이 B형이라 성격이 이상하다는 얘기도 많이 듣습니다. 그런데 이건 아무 과학적 근거도 없습니다(제 성격이 이상하다는 말에 화가 나서 부정하는 것이 아닙니다!). 우리가 사용하는 ABO형 혈액형은 적혈구라고 부르는 혈액 속 세포 밖에 붙어 있는 작은 당류의 종류가 무엇인가에 따라 결정됩니다. 우리의 성격을 결정짓는 그 어떤 유전자와도 관련이 없죠. 사주팔자도 그러합니다. 태어난 해, 날, 그리고 시에 따라서 사람의 운명이 결정된다는 사주팔자는 어떠한 과학적 근거도 없습니다. 사주팔자가 통계에 근거하고 있다고 주장하는 사람도 보았는데, 말도 안되는 소리입니다. 같은 해에 태어난 사람들이 거의 비슷한 특성을 가졌다고 상상해 봅시다. 어떤 해에 태어난 사람은 모두 운동선수가 될 운명이거나, 어떤 달에 태어난 사람은 모두 사업가를 해야 한다면 사회가 유지될 수 있을까요. 유사과학은 일반적인 미신이나 거짓말과는 다릅니다. 보통은 여러 가지 전문적인 용어와 과학적 사실들이 동원되어서 그럴싸하게 들리고, 그 주장은 하나의 완결된 이야기 구성을 가지고 있습니다. 그렇기 때문에, 잘 모르는 사람에게 그럴싸하게 들리기도 합니다. 또 과학적인 방법으로 문제를 해결할 수 없을 때, 많은 사람이 유사과학의 속임수에 금방 넘어가곤 합니다.

유사과학이
우리 사회에 주는
폐해

유사과학은 많은 사람들에게 피해를 주고 큰 사회적 비용을 발생시키기도 합니다. 유사과학이 활개를 치는 대표적인 분야 중 하나는 건강식품입니다. 저도 아는 분으로부터 건강보조제 구입을 권유받은 적이 있습니다. 광고 책자에는 세포 속의 소기관 중 하나인 미토콘드리아에 대한 많은 과학적 발견들과 최신 논문들에 대한 소개가 들어 있었습니다. 틀린 얘기는 하나도 없죠. 그런데 미토콘드리아를 연구한 유명한 논문들만 나열했지, 그 건강식품을 먹으면 미토콘드리아가 구체적으로 어떻게 건강해지는지에 대한 핵심 증거는 빠져있었습니다. 또 주변에 '수소수'니 '육각수'니 하면서 물을 비싸게 파는 것을 보신 적이 있으실 겁니다. 깨끗한 물을 충분히 마시는 것은 분명 건강에 중요하지만 이렇게 과학적으로 효능이 전혀 입증되지 않은 물을 말도 안 되는 비싼 값에 사는 것은 분명 사회적으로 큰 손실입니다.

유사과학은
왜 유행할까?

과학의 탈을 쓴 유사과학을 극복하려면 논리적으로 생각하는 능력을 갖춰야 합니다. 유사과학을 만들어내거나 이를 믿는 사람이 많다는 것은 우리의 논리 체계가 항상 완벽하지는 않음을 보여줍니다. '상관관계의 오류'가 대표적인 예입니다. 혹시 차를 타고 가다가 길이 많이 막히는 경우, 항상 다음 교차로에 경찰이 교통 정리하려고 나와 있는 모습을 본 적이 있나요? 이런 일이 계속되다 보면 교통경찰이 제대로 일을 못 해서 오히려 교통체증을 일으킨다는 식의 결론에 도달할 수도 있습니다. 실제로 제가 한국의 12개 시도의 경찰 수와 범죄율을 하나의 그래프에 그려본 적이 있습니다. 놀랍게도 경찰관 수가 많을수록 범죄율도 높아지는 경향을 보였습니다. 경찰관들이 무능해서일까요, 아니면 범죄를 저지르는 경찰관이 더 많기 때문일까요?

과학에서는 어떤 두 변수의 관계를 상관관계라고 합니다. 예를 들어, 여러분 학급 학생들의 키와 몸무게를 측정해서 x축에 몸무게, y축에 키를 표시하면 오른쪽 위로 올라가는 그림이 나타납니다. 키가 큰 사람이 보통 몸무게도 더 나가기 때문이죠. 이러한 것을 '양의 상관관계'라고 합니다. 그런데 상관관계는 한 가지 일이 다른 일과 밀접하게 연결되어 있다는 것을 의미할 뿐, 하나가 다른 것의 원인이 되는 것은 아닙니다. 그래서 앞에서 예를 든 경찰관 수와 범죄율의 경우 경찰관의 수가 범죄율 상승의 원인이라고 결론을 내리는 것은 타당하지 않습니다. 이때는 인구라는

과학, 그게 최선입니까? -
윤리가 과학에 묻는 질문들

다른 변수를 고려해야 합니다. 즉 인구가 많은 큰 도시에는 경찰관 수도 많고 범죄도 많지만, 인구가 작은 도시에는 큰 도시보다 경찰관 수도 적고 범죄도 적게 일어납니다. 유사과학은 이와 같은 상관관계의 오류가 하나의 법칙으로 굳어져 버릴 때 그 틈을 타 무럭무럭 자랍니다.

이 밖에도 사람들의 근거 없는 입소문, 인터넷에 떠도는 주장, 자신의 종교적 혹은 정치적 신념에 근거한 판단 등은 유사과학이 뿌리 내릴 수 있게 만드는 대표적인 환경입니다. 유사과학에 속지 않으려면 과학자들이 발표하는 논문이나 서적에 근거해서 판단하는 습관을 길러야 합니다. 또한 제시되는 통계나 자료를 비판적으로 판단하면서 말하는 사람의 권위에 눌려서 덜컥 믿지 않도록 조심해야 합니다.

**유사과학을 구별하는 법,
과학철학**

과학 연구가 진행되는 과정을 분석하거나, 과학적인 사유 자체를 철학적으로 탐구하는 학문 분야도 있습니다. 과학철학이라고 부르는 분야죠. 과학철학에서도 유사과학에 대한 문제를 다루고 있고 이러한 이유로 과학철학에 대한 이해는 유사과학을 판별하고 극복하는 데 중요한 역할을 담당할 수 있습니다. 20세기에 과학철학 분야의 대가로 '칼 포퍼(Karl Popper)'라는 분이 있습니다. 이분은 과학인지 아닌지를 판별하는 중요한 기준으로 '반증 가능성'이라는 것을 주장했습니다. 잘 알려진 예로 '모든 백조는 희다'라는 명제가 있습니다. '검은 백조' 한 마리만 발견되어도 이 명제는 틀린 것으로 밝혀지지만, 그렇다고 해서 모든 백조는 희다라는 말 자체가 과학적이지 않다고는 할 수 없습니다. 반증 가능성이 있기 때문에 과학이라 부를 수 있는 것이죠. 반대로 과학적인 것처럼 보이지만 반증을 인정하지 않는 유사과학들은 진정한 과학이라 할 수 없습니다.

포퍼 이후에 과학철학의 대표적인 학자로는 토마스 쿤 (Thomas Kuhn)이라는 분이 있습니다. 『과학혁명의 구조』라는 고전적인 책을 집필했고, 거기서 '패러다임(Paradigm)'이라는 용어를 처음 사용했습니다. 이 단어는 요즘은 과학철학 외에도 다양한 분야에서 많이 사용되고 있죠. 쿤의 주장에 따르면 유사과학을 구분 짓는 명확한 기준은 없지만 유사과학은 보통 과학(쿤은 '정상과학'이라 불렀습니다)의 패러다임에 부합되지 않거나 정상과학이 가지고 있는 여러 특성들이 발견되지 않습니다. '정상과학'이란 과학적 성취에 단단한 기반을 둔 연구 활동을 말합니다. 쉽게 말해서 어떤 이론이나 가설에 대해서 이를 뒷받침하는 많은 자료들이 축적된 것을 말합니다. 이와 더불어 정상과학은 새로운 문제를 해결하기 위한 열린 자세를 갖추고 있어야 합니다. 유사과학의 문제는 다수의 과학자들이 동의하지 않는 이상한 주장을 할 뿐만 아니라, 비판이나 반증을 수용하거나 반영하지 않으려는 데 있습니다.

과학, 그게 최선입니까? –
윤리가 과학에 묻는 질문들

유사과학이 언젠가
과학이 된다면

앞에서 살펴본 바와 같이 유사과학은 우리 사회에 큰 해를 끼칩니다. 유사과학에 속은 사람은 금전적인 손해를 볼 뿐만 아니라 건강을 해치기까지 합니다. 일이 커지면 나라 전체가 잘못된 방향으로 가는 큰일이 벌어지기도 하죠. 그럼 유사과학은 절대적인 악일까요? 역사적으로 보면 반드시 그러한 것은 아닙니다. 우리가 세상의 모든 법칙을 알고 있는 것은 아니기 때문에, 과학의 특성상 우리가 지금 유사과학이라고 부르는 것이 나중에는 '진짜' 과학으로 편입되기도 합니다. 또 유사과학을 추구하는 과정에서 진짜 과학이 발전하기도 했습니다.

　　　예를 들어, 우리가 지금 배우고 있는 화학의 초기 연구는 '연금술'이라 불리는 유사과학의 도움을 많이 받았습니다. 연금술은 납과 같은 싼 금속에 기운을 불어넣어서 금으로 바꾸겠다는 황당한 생각에서 출발했습니다. 그렇지만 그 과정에서 여러 가지 화학적 실험 방법이 발전하고 과학적 현상들이 발견되어 결국에는 화학이라는 학문의 발전에 기여했죠. 또 천문학도 '점성술'에 도움을 받은 바가 많습니다. 점성술은 별자리의 위치와 인간의 운명을 연결 지으려는 유사과학이었지만, 별자리의 위치와 운동을 관찰하는 일은 결과적으로 천문학의 기초를 닦는 역할을 하였습니다. 오늘날에도 비슷한 사례를 찾아볼 수 있습니다. 우리나라에서 널리 사용하는 침술이나 한약이 서구의 의사들에게는 아직도 유사과학으로 치부되고 있지만, 계속해서 그 효능을 과학적인 방법으로 설명하려는 노력이 이어지고 있고, 실제로 진전을 보인 부분들도 있습니다. 예를 들어, 침술의 원리를 개별 한의사의 경험이나 비법으로만 전수된다면 유사과학의 수준을 벗어나지 못하지만, 엄격한 과학이 요구하는 조건을 만족하는 실험과 통계 분석을 진행한다면 과학으로 간주할 수 있는 것입니다.

      이렇게 유사과학인지 정상적인 과학인지 엄밀한 구분이 애매한 부분들이 존재하는 것이 사실입니다. 최근에는 혈액형이 A형인 사람이 코로나19에 감염이 더 잘된다는 기사를 신문에서 읽고 유사과학이라 코웃음을 쳤는데 실제로 이에 대한 과학적 보고가 있었습니다(Zietz and Tatonetti, 2020). 아직 충분한 자료도 부족하고 왜 이렇게 되는지에 대한 기작이 밝혀지지 못했지만 이 연구가 유사과학으로 그칠지 아니면 실제로 새로운 과학적 발견이 될지는 더 두고 봐야만 할 것 같습니다. 우리 주위에 볼 수 있는 말도 안 되는 유사과학, 특히 부당한 상업적인 이익을 추구하거나 잘못된 정부 정책을 가져올 수 있는 것들에 대해서는 분명 엄격히 대해야 합니다. 동시에 우리가 현재 알고 있는 과학적 사실에 새로운 발견이 많이 축적되면 언젠가 수정될 수도 있다는 열린 자세가 중요합니다. 그것이 바로 유사과학과 대별되는 진정한 과학적 태도이기 때문입니다.

과학, 그게 최선입니까? –
윤리가 과학에 묻는 질문들

더 살펴볼 과학자

토마스 쿤
Thomas Samuel Kuhn

1922년에 태어나 1996년에 사망한 미국의 과학철학자로 하버드 대학에서 학석박사를 마친 후 UC 버클리 대학에서 교수로 활동했다. 1962년에 집필한 『과학혁명의 구조(The Structure of the Scientific Revolution)』의 대성공 이후 프린스턴 대학교수를 거쳐 최종적으로 MIT 대학 교수로 경력을 마무리했다. 그는 과학의 발전은 선형적으로 이루어지는 것이 아니라 오랜 기간 큰 변화 없이 이미 알려진 큰 명제를 증명하고 확증하는 평범한 과학적 진보가 반복되는 과정으로 보았는데 그는 이를 '정상과학(Normal science)'이라고 명명했다. 한편 잘 알려진 어떤 명제를 부정하거나 반박하는 증거들이 하나둘씩 나오다가 급격히 이론이 큰 변화를 겪게 되는데 이를 '패러다임 전환(Paradigm shift)'이라고 정의했다. 이후에는 다시 이 명제, 즉 새로운 패러다임의 빈 부분을 채우는 정상과학이 진행되다가 또 새로운 패러다임의 변화에 직면하여 변화를 겪게 되는데 쿤은 이것을 '과학혁명'이라 명명했다.

토론할 거리

1

사주팔자, 타로점, 혈액형에 대한 믿음이 왜 틀렸는지를
과학적으로 설명해야 한다면 당신은 어떻게 말하겠습니까?

2

연구 과정에서 얻게 된 실험 결과가 일반적으로 알려져 있는
사실과 많이 다른 경우도 종종 있습니다. 당신의 동료들이나
상관은 새로운 발견이라고 격려해 줄 수도 있지만 잘못된 실험
결과라고 다시 실험하라고 비판할 수도 있을 것입니다.
만일 당신의 동료가 일반적으로 알려진 사실과 많이 다른 연구
결과를 제시한다면 어떻게 하시겠습니까?

과학, 그게 최선입니까? -
윤리가 과학에 묻는 질문들

Ⅱ

과학은
모두를 행복하게
만들까요?

6

과학과 전쟁
–
사람
살리는 과학,
사람
죽이는 과학

과학과 기술의 발전은 인간의 삶을 더 행복하게 만들어 왔습니다. 인류는 지구상에 등장한 이래 수십만 년 동안 기아와 질병에 시달려왔습니다. 이것들로부터 해방된 것은 채 몇백 년도 되지 않았습니다. 농업 기술의 발전, 특히 화학비료의 발명, 유전자 조작과 육종을 통한 우수한 품종의 개량 덕분입니다. 의료기술의 발전도 큰 몫을 했지요. 최근에는 정보통신 기술의 비약적인 발전으로 예전에는 꿈도 꾸지 못했던 일들을 하며 인류 역사상 가장 높은 질의 삶을 살고 있다고 해도 과언이 아닙니다.

이런 점들을 살펴보면 과학 기술의 발전은 인류의 평화와 복지에 크게 기여했습니다. 과학 기술이 사람을 살리고 더 행복하게 살 수 있도록 큰 혜택을 준 셈이죠. 그런데 과연 이렇게 긍정적인 역할만 했을까요?

전쟁과 함께한
공학의 발전

과학이 걸어온 길을 보면 다른 측면이 분명 존재합니다. 즉 과학에 어두운 과거가 있다는 말입니다. 고대 중국의 4대 발명품, 즉 종이, 화약, 나침반, 인쇄술 중 화약이 전쟁을 위해서 개발되었다는 점을 들지 않더라도, 우리가 지금 향유하고 있는 많은 기술이 불행하게도 처음에는 사람을 죽이기 위한 군사적인 목적으로 개발되었습니다. 우리가 '공학'이라고 부르는 '엔지니어링(Engineering)'이라는 학문 분야가 발전한 초기 과정도 전쟁과 밀접한 연관이 있습니다. 고대 전쟁에 쓰이던 투석기는 말할 것도 없고, 대포가 발명된 이후에는 포탄의 정확한 궤적을 계산하는 것이 공학자들의 중요한 역할이었습니다. 이런 배경을 알면 우리가 현재 사용하고 있는 '엔지니어(Engineer)'라는 단어가 프랑스의 사관학교 교육에서 유래했다는 것은 놀라운 일이 아닙니다. 초기 공학의 군사적인 활용도가 워낙 높았기 때문에, 우리가 '토목공학'이라 부르는 학문 분야를 영어로는 '민간인 공학(Civil Engineering)'이라 부르는 것도 같은 맥락입니다. 초기에 공학은 기본적으로 군대의 진격을 위해 길을 닦고 요새를 만들며, 보급품을 제공하는 것에 널리 활용되었으므로, 군대가 아닌 일반 사람이 사는 도시를 만들고 교량을 만들고 먹는 물을 공급하는 공학 분야는 'Civil Engineering'이라고 따로 칭했던 것입니다.

우주 개발이라는 원대한 계획도 사실은 미국과 소련이 서로를 공격 대상으로 생각하며 더 멀리, 더 정확히 도달하는 로켓을 개발하려는 목적에서 시작되었습니다. 로켓 기술의 역사는 2차 세계 대전 당시 독일의 폰 브라운 박사가 주도하여 개발한 'V2'라는 미사일 기술에 근거하고 있습니다. 나치 독일은 본토에서 떨어져 있는 런던을 정밀 타격하려고 다양한 미사일을 개발하였고, 그 기술개발을 주도한 핵심 인물이 폰 브라운 박사였습니다. 나치가 망한 후 폰 브라운 박사를 비롯한 독일의 과학자들이 미국으로 투항했고, 이들의 기술력은 이후 미국 우주 개발의 원동력이 되었습니다. 덕분에 우주 기술 개발이 소련보다 뒤처져 있던 미국은 단숨에 소련과 어깨를 나란히 할 수 있게 되었고, 결국에는 소련보다 먼저 달에 착륙할 수 있게 되었습니다.

정보통신 기술도 마찬가지입니다. 최초의 컴퓨터가 한

중요한 역할은 미사일 탄도를 계산하는 것이었습니다. 우리가 매일 사용하고 있는 인터넷도 그 출발은 전쟁과 연관되어 있습니다. 미국 국방부는 소련으로부터 핵 공격을 받아서 모든 통신망이 마비된 상황을 가정해서 그 상태에서도 서로 연락이 가능한 통신망을 개발하고자 했습니다. 1960년대 초반부터 몇몇 과학자들은 컴퓨터를 서로 연결해서 작동시키는 방법에 대한 아이디어를 내놓기 시작했는데, 군사적 목적으로 연구 지원을 받으며 바로 지금 우리가 사용하고 있는 인터넷과 같은 시스템 개발이 시작되었습니다(Leiner et al., 1997). 자동차 내비게이션이나 스마트폰 지도에 활용되는 GPS나 '구글 어스'와 같은 원격탐사(Remote Sensing) 기술도 처음에는 적국을 효과적으로 탐지하기 위한 목적으로 개발되었습니다. 적국에 들어가지 않고도 높은 곳에서 정확한 위치의 선명한 사진을 찍고 지도를 만드는 것이 중요한 군사 기술이었던 것이죠. 저도 2000년도에 미국에서 연구원 생활을 하면서 이에 관한 경험을 한 적이 있습니다. 당시에 깊은 숲속에서 연구하면서 시료를 채취한 지점의 정확한 위치를 알아내기 위해 지금의 GPS 초기 모델을 사용했습니다. 그런데 이것이 군사 기밀 기술이었기 때문에, 미국의 인공위성이 일부러 수십 미터씩 오차가 나도록 신호를 보냈습니다. 이를 보정하는 자료는 정부에 미리 신고한 일부 과학자들에게만 제공되었습니다. 지금은 누구나 사용하는 기술입니다만, 과학기술이 군사적 목적과 얼마나 연관되어 있는지를 잘 알 수 있었던 경험입니다.

생물학의 발전과
함께한 군사 기술

공학뿐 아니라 자연과학도 세계 1, 2차 대전 중 인간을 '효과적으로' 살상할 방법을 고안하는 과정에서 비약적으로 발전하게 됩니다. 세균전과 화학전과 관련된 기술들은 의약품이 환자에게 어떻게 반응하는지, 병균에 어떻게 저항성을 갖게 되는지 등을 다루는 연구에 활용되었습니다. 이 과정에서 수많은 새로운 생물학적 발견과 기술들이 개발되었습니다. 이시이 부대, 혹은 '731부대'로 더 널리 알려진 일본군 특수 부대가 대표적인 예시입니다. 731부대는 2차 세계 대전 당시 중일 전쟁 중에 중국 내에서 생화학 무기를 연구하고 개발하던 부대였습니다. 당시 유럽이나 미국의 군부에서도 생화학 무기를 개발하고 일부 사용했던 적이 있으나 이 부대는 사람을 '마루타', 즉 일본어로 나무 목재라 부르며 실험 대상으로 삼았다는 점에서 특히 잔혹했지요. 이들이 이런 잔악한 실험을 했지만 2차 세계 대전에 패전한 후 미국에 관련 정보를 제공한 대가로 처벌을 피했다는 사실은 더욱 슬픈 역사입니다.

　　위의 예들은 어디선가 한두 번씩은 들어본 적이 있으시겠지만, 가장 자연과 가까울 것 같은 '생태학' 분야의 초기 연구 발전 과정에도 군사적 목적의 연구가 관여했다는 것은 잘 알려지지 않았습니다. 1943년에 설립된 미국의 오크리지 국립연구소(Oak Ridge National Laboratory)는 미국 에너지성(Department of Energy) 산하의 기관으로 원자력과 관련된 연구를 주도하였습니다. 미국이 최초의 원자탄을 개발할 때 우라늄 정제를 비롯한 몇 가지 핵심 공정이 수행되었던 기관이죠. 2차 세계 대전 이후 이들의 관심사 중 하나는 만일 핵 물질이 배출되면 자연계에서 어떻게 이동하고 생태계에 어떻게 퍼져나갈지에 대한 것이었습니다.

핵 실험과는 별 상관없어 보이는 당시 생태학자들도 비슷한 궁금증을 가지고 있었습니다. 예를 들어, 식물이 땅속에서 흡수한 영양물질이 먹이사슬을 통해 어느 동물로 혹은 토양으로 이동하여 분포하는가에 대해서 여러 생태학자가 연구를 수행하려고 했습니다. 그런데 정부에서는 이런 연구에 연구비를 지원하지 않아서 어려움을 겪고 있었습니다. 이러한 상황에서 생태학자와 원자력 연구기관의 관심사가 일치하는 부분이 생기면서 오크리지 연구소에서는 생태계 내에서 방사능 물질의 이동 경로에 대한 대규모 연구가 수행되었습니다. 이런 전통 덕분에 현재까지도 이 연구소는 생태계 생태학 연구의 대표적인 연구기관 중 하나로 남아 있습니다. 생태계를 연구하는 과학자 입장에서는 핵무기나 핵폐기물 처리와 관련된 연구에 참여한다는 것이 껄끄러운 일일 수도 있었으나, 이들은 충분한 연구비와 첨단 시설, 그리고 무엇보다도 자신들이 알고자 하는 과학적 질문을 연구할 기회를 놓치지 않았습니다.

과학은
가치 중립적인가?

과학의 발전과 관련한 많은 철학적 질문 중 하나는 과학이 과연
'가치 중립적'인가 하는 것입니다. 군사적인 목적으로 이용될 가능
성 때문에 과학 연구를 중지해야 할까요? 핵무기 개발에 이용되었
다는 이유만으로 핵물리학의 기초 연구를 수행한 과학자들은 비
난받아야 할까요? 반대로 연구비를 포함해서 연구에 필요한 자원
을 얻기 위해서 인간에게 피해를 줄 가능성을 알면서도 자신의 연
구를 수행하는 것이 과연 옳은 태도일까요? 이 글의 맨 앞부분에
서 소개했던 화학비료의 발명자, 프리츠 하버에 대해 간략히 소개
하고자 합니다. 그는 공기 중에 있던 질소 기체에 촉매와 높은 압
력과 온도를 가해서 질소비료를 만드는 새로운 공정을 개발하여
결국 인류를 기아에서 구했습니다. 만일 질소비료를 화학적으로
제조하는 공정의 발견이 없었다면, 아마도 인구가 이렇게 증가하
지도 못했을 것이고, 그 작은 인구의 상당수는 여전히 기아에 허
덕이고 있을 겁니다. 이 업적으로 하버는 1918년에 노벨 화학상을
수상했죠. 그러나 그의 기술은 폭발물인 TNT의 개발에 활용되었
고, 하버 자신은 화학적 지식을 이용해서 독가스 개발에 전념했습
니다. 실제로 그가 개발한 독가스는 1차 세계 대전에서 수많은 연
합군 병사를 살인하는 병기로 이용되었습니다.

　　　　과연 과학은 인류의 구세주일까요, 아니면 지옥에서 온
악마일까요? 여기에 대한 정답은 없는 것 같습니다. 어쩌면 과학
자체에서 답을 찾으려고 하는 것은 잘못된 질문인지도 모르겠습

니다. 해리 콜린스라는 작가가 쓴 『골렘 (Golem)』이라는 책에 이러한 내용이 잘 나와 있습니다. 골렘이란 유대인 전설에 나오는 사람 모양의 사기 인형 같은 것입니다. 여러 가지 경로로 생명이 불어넣어져서 인간사에 관여하게 되는데, 이를 조종하는 사람에 따라 친구 같은 존재가 될 수도 있고, 다른 사람의 생명을 빼앗는 악귀 같은 존재가 되기도 합니다. 과학도 마찬가지입니다. 과학의 힘으로 우리는 인간의 육체적 정신적 능력을 뛰어넘는 일을 수행할 수 있지만, 사용하는 사람의 의도나 태도에 따라서 사람에게 평화와 행복을 제공할 수도 있고, 정반대로 전쟁과 죽음을 불러올 수도 있는 것입니다.

이런 이유로 과학자 자신은 물론, 대중들도 과학 기술에 대해서 깊은 성찰과 윤리 의식을 갖도록 노력해야 합니다. 즉, 과학 기술을 활용하는 기술적인 능력뿐 아니라 이를 평가하고 판단할 수 있는 준비를 갖추는 것이 중요합니다. 이를 위해서는 다음과 같은 노력이 필요하다고 생각합니다. 첫 번째는 과학 기술을 도구로만 생각하는 태도를 바꾸어야 합니다. 예를 들어, 아직도 우리나라 언론에서 과학 기술에 대해 얘기할 때, 흔히 얼마만큼의 수출 대체 효과가 있는지, 노벨상을 탈 가능성이 있는지, 국방에 큰 기여를 할 것인지 등에 대해서 말합니다. 중요한 많은 과학적 발견들은 특별한 목적 없이 과학자 혹은 사회적 호기심에서 출발하여 오랜 연구를 통해서 찾아진 것들입니다. 우리가 예술, 스포츠는 물론 인문학 연구 등에서는 도구적 가치를 묻지 않으면서 유독 과학 기술에서 이런 점을 강조하는 것은 과학에 대한 잘못된 이해를 가져올 수 있습니다.

두 번째는 같은 맥락에서 과학자들이 자신의 전문 분야 이외에 사회와 인간에 대한 이해를 넓힐 수 있도록 교육과 제도가 뒷받침되어야 합니다. 물론 과학과 공학 분야의 전문가가 되기 위해서는 길고 힘든 교육의 시간이 필요합니다. 여기에 더 많은 교육을 요구하는 것은 무리일지 모르겠습니다. 하지만 고등교육, 특히 대학의 학부 교육에서는 과학 윤리, 과학사, 과학 철학과 관련된 기본적인 소양을 가르쳐야 합니다. 마지막으로 대중들이 과학 기술의 발전에 대해서 항상 깨어 있는 자세로 이를 습득하고 이해하려고 노력해야 합니다. 과학은 전문가들만의 전유물은 아니며 이를 운용하고 관리할 주체는 대중들과 이들을 대표하는 정부와 입법부입니다. 민주적인 방식으로 관리되지 않는 과학 기술은 괴물로 현화하는 골렘과 같은 존재가 될 수도 있습니다.

더 살펴볼 과학자

프리츠 하버

Fritz Haber

1868년에 태어나 1934년에 사망한 독일의 화학자. 공기 중의 질소에
고압 고열을 가하고 촉매를 이용해서 질소비료를 화학 합성하는 하버-보쉬
공정(Haber-Bosch process)을 개발한 공로로 1918년 노벨 화학상을 수상했다.
농업 생산성의 비약적인 발전과 인류의 기아 해결에 크게 기여한 것으로
평가된다. 하지만 그는 1차 세계대전에 사용된 클로린 계열의 화학무기를
개발한 '화학전의 아버지'로도 불리며, 이후에도 화학무기 개발에 관여했지만,
역설적이게도 유대인이란 이유로 나치 정부의 박해를 받았다. 결국 독일을 떠나
떠돌다가 비참한 죽음을 맞이한 것으로 알려져 있다.

토론할 거리

1

많은 양의 화학비료를 사용하면 작물의 수확량을 늘릴 수
있습니다. 그렇지만 너무 많은 비료를 사용하면 토양의
건강성이 나빠질 수 있고, 일부는 물로 씻겨 들어가서
수질 오염과 같은 부수적인 환경 문제를 일으킬 수 있습니다.
더 많은 식량을 생산하기 위해서 화학비료를 계속 더 많이
사용하는 것은 옳은 일일까요?

2

2차 세계 대전에서 일본이 패망한 후 일본에 진주한
미군 장교는 '이시이 부대원'들이 관련 자료를 소련이 아닌
미국에 넘긴다는 조건으로 전쟁 기간 그들이 벌인 잔혹한
행위에 대해서 책임을 묻지 않기로 했습니다. 만일 이들을
처벌하기로 했다면, 이들 중 일부는 소련으로 넘어가서 그곳에
정보를 제공하고 처벌을 면할 수도 있었을 것이고, 그렇게 되면
소련이 강력한 생물학적 무기를 개발할 수도 있었을 것입니다.
미군 장교의 행동은 정당했을까요, 아니면 비난받아야 할
일이었을까요?

과학, 그게 최선입니까? –
윤리가 과학에 묻는 질문들

7

차별의 과학

우리는 모두 사람이라는 하나의 종에 속합니다. 전문적인 학명은 '호모 사피엔스(Homo sapiens)'로, '현명한 인간'이라는 뜻입니다. 생물학적으로는 하나의 종이고, 우리 몸에서 일어나는 수많은 생화학적 반응들은 거의 비슷합니다. 이뿐만 아니라, 윤리적으로도 모든 인간은 평등하다고 믿고 살아가고 있습니다. 그렇지만 우리가 매일 부딪치는 현실에서 우리는 수많은 차별과 편견을 주고받으며 살아가고 있습니다. 어떤 경우에는 가해자가 되기도 하고 다른 경우에는 피해자가 되기도 합니다. 인간 간의 차별에 있어서 가장 대표적인 문제는 성별과 인종의 문제가 있습니다. 이번 장에서는 이 두 문제에 대해서 과학은 어떤 설명을 제시하고 있으며 이런 과학적 설명이 과연 어떤 역할을 할 수 있을지 살펴보도록 하겠습니다.

성별의 생물학적 기원

남녀간의 성차에 대한 문제는 사회적인 문제이면서 동시에 과학계의 중요한 연구 주제이기도 합니다. 이에 대해 본격적으로 얘기하기에 앞서, 왜 인간의 성별은 하나가 아닌지에 대한 과학적 논의들부터 살펴보도록 하겠습니다. 진화생물학자들은 오래전부터 왜 인간은 두 가지 생물학적인 성별을 갖게 되었는지 궁금증을 갖고 있었습니다. 이는 비단 사람의 문제뿐 아니라, 인간을 포함한 포유류, 조류, 어류, 파충류와 양서류 모두에게 해당하는 질문입니다. 물론 미생물에게는 우리와 같은 성별이 없고, 연체동물 상당수 그리고 대부분의 식물도 성별은 없습니다.

진화의 과정에서 왜 성별이라는 구별이 생기게 되었을까요? 두 개의 성을 가진 종은 여러 가지로 비용이 많이 듭니다. 자손을 생산하는 데 효율이 떨어지는 부분들이 많이 있기 때문입니다. 성별이 없는 세균의 경우, 하나의 조상이 분열을 통해서 자신과 동일한 유전자를 가진 자손을 만드는 방식으로 쉽게 많은 수의 자손을 퍼뜨릴 수 있습니다. 이에 비해 수컷, 암컷이 있고, 이 중 암컷만 자손을 낳을 수 있는 경우에는 자손의 수가 크게 줄어들게 됩니다. 또 자식은 수컷 암컷 각각에게서 유전자를 반씩 받게 됩니다. 부모 입장에서는 자신의 유전자를 100% 남기는 것이 아니라 50%만을 남기게 되는 셈이지요.『이기적 유전자』라는 책에서 '리처드 도킨스'라는 학자가 주장한 바와 같이 만일 생명의 목적이 자신의 유전자를 최대한 많이 남기는 것이라면, 성별이 있는 것은 불리한 장사인 셈입니다. 그럼에도 불구하고 진화의 과정에서 성이 나타나고 계속 유지된다는 것은 무엇인가 유리한 점이 있기 때문일 것입니다. 가장 먼저 생각해 볼 수 있는 장점은 두 개의 성이 있으면 서로 다른 유전자가 여러 조합으로 섞이니 유전적 다양성을 유지할 수 있다는 것입니다. 같은 엄마 아빠에서 나온 여러분의 형제나 자매들이 서로 조금씩 다른 이유입니다. 이렇게 되면 환경이 바뀌거나 질병이 돌거나 해도, 더 많은 수의 후손이 살아남을 수 있습니다. 또 치명적으로 약한 유전자를 가진 경우에도 배우자의 유전자가 이것을 보완해주어서 자손이 살아남을 가능성은 커집니다.

이에 덧붙여 최근에 떠오르는 가장 그럴싸한 가설은 '기생충 가설'입니다. 한 종류의 생물이 혼자서 진화하는 경우는 드뭅니다. 진화의 과정에서는 침입하려고 하는 기생충과 이를 막으려는 숙주 사이에 끝없는 경쟁이 벌어지고 있습니다. 여기서 기

과학, 그게 최선입니까? -
윤리가 과학에 묻는 질문들

생충이란 뱃속에 살고 있는 환형동물뿐만 아니라 몸에 침입하는 모든 세균이나 작은 무척추동물 모두를 의미합니다. 여러 연구 결과들을 보면 기생충과 숙주 사이의 경쟁을 통해서 빠른 진화가 이루어졌고, 또 이 과정에서 남성-여성의 두 가지 성별을 가진 종이 그렇지 않은 종에 비해서 기생충에 대한 저항성이 훨씬 커지고 또 살아남을 확률이 높아진다고 알려져 있습니다(Hamilton et al., 1990).

인간 사회의
성차와 논쟁

성의 생물학적 유래가 무엇인지는 진화생물학자들만의 관심사일지도 모르겠습니다만, 과연 남자와 여자가 근본적으로 다른가 하는 것은 우리 모두의 문제일 것 같습니다. 물론 남자와 여자는 다릅니다. 일단 염색체 하나가 완전히 다르죠. 또 여성은 임신하고 출산할 수 있지만, 남성은 그렇지 않습니다. 여기서 더 나아가 단순히 생물학적인 특성뿐 아니라, 남녀의 생각하는 방식이나 행동 양식까지 근본적으로 다르다고 생각하는 사람들도 많이 있습니다. 사람의 마음과 행동 양식을 이해하려는 과학의 분야 중 '진화심리학'이 있습니다. 진화심리학은 우리의 마음이 인간의 진화 과정과 밀접하게 연관되어 있다고 보는 학문입니다. 이들의 주장에 따르면, 우리 유전자가 다음 세대에 성공적으로 전달되려면 이성에게 더 매력적인 존재로 보여야 하기 때문에, 남성과 여성의 심리

체계가 다른 방식으로 발전했다는 겁니다.

이에 반해 생물학적 차이는 부수적이며, 우리 사회에서 남자와 여자의 차이는 문화적, 경제적, 사회적 요인으로 결정된다는 주장도 많이 있습니다. 즉 사회에서 남녀가 사는 방식이 다르게 나타나는 것은 우리가 그렇게 만든 것이지 원래부터 차이가 있지 않다는 생각이죠. 예를 들어, 한 심리검사에서는 여성이 남성보다 수학 능력이 떨어진다는 지문을 보여주는 것만으로도 여성들의 수학 시험 점수가 낮아지는 현상이 관찰되었습니다. 즉, 어떤 일을 못 한다는 편견과 사회적 압력을 받으면 실제로 그 일을 수행하는 능력이 떨어지게 되는 거죠. 남녀의 차이가 없음에도 불구하고 과학이나 특정 분야는 여성에게 어울리지 않는다는 식의 편견이 결과적으로 여성의 진출과 발전을 막게 된다는 것입니다.

이런 편견에 대한 다른 예를 하나 들어보겠습니다. 오래전 미국에서는 전투 현장에 여군을 투입해도 되는지에 대한 큰 논란이 있었습니다. 근력이 약한 전투병을 전선에 내보는 것도 위험하고, 적에게 포로로 잡혔을 때 더 큰 피해를 볼 수 있다는 논리였습니다. 이런 논리에 대해 우주 비행사의 경우는 어떨지 반문하고 싶습니다. 사실 무중력 상태에서는 근력이 별 의미가 없습니다. 오히려 폐쇄된 비행선 안에서 오래 버텨야 하기 때문에 지방을 상대적으로 많이 가진 여성이 더 적합할 수 있습니다. 많은 생물학적 증거들은 생물체 내의 지방량이 스트레스를 견디는 데 도움이 된다는 점을 보여줬기 때문입니다. 그렇다면 여성이 우주인(Astronaut)으로는 더 적합할 텐데, 아시다시피 우주로 발사되는 발사체에 여성이 탑승하기 시작한 것은 최근의 일이고 현재도 그 숫자는 남성에 비해 미미합니다. 우리 사회 구석구석에 '과학' 혹은 '생물학'으로 장식된 많은 상식들이 사실은 단단해진 사회적 편견일 수 있음을 잘 보여줍니다.

과학계의 성차별

남녀 간의 성차는 더 나아가 연구를 진행하고 있는 과학자 자신들의 문제이기도 합니다. 전 세계 과학계에서 남녀 차별의 문제에 가장 적극적으로 대응하고 있는 미국도 과학과 공학 분야의 박사학위 소지자 중 여성의 비율은 45%인데 반해, 조교수에서는 42%, 그리고 정교수 수준으로 올라가면 그 비율은 30%로 낮아지고 있습니다. 과학 분야에서 여성을 우대하는 정책을 펴고 있는 미국에서의 현실도 이러하니, 우리나라의 상황은 더욱 안 좋습니다. 경제적으로나 정치적으로 발전한 나라일수록 여성의 고등교육과 이공계 진출 비율은 점점 증가합니다. 우리나라도 이미 대학 진학률에서 남녀의 차이는 사라졌고, 이전에는 남자들만의 분야라고 생각했던 전공에도 많은 수의 여학생들이 입학하고 있습니다. 그렇지만, 교수, 연구소 소장, 고위 공직자 등 연구직의 상위층에서 여자들이 차지하는 비율은 매우 미미합니다.

　　　이런 현상에 대해서 단순히 여성에게 과학이나 수학적 능력이 부족해서 높은 위치에 올라가지 못한다고 생각하는 분들도 있을 것 같습니다. 특히 인구 전체에서 남녀 간에 수학이나 과학 능력의 평균에는 차이가 없지만, 분포가 다르다는 주장들도 있습니다. 실제로, 미국을 비롯한 여러 나라에서 진행된 남자와 여자의 과학과 수학 능력 비교 결과를 보면 평균의 차이는 미미합니다. 다만 남성들의 분포가 더 넓게 나타납니다. 즉, 남성들은 수학이나 과학에서 천재도 많고 그 반대도 많다는 뜻입니다. 문제는 과학계를 주도하는 것은 뛰어난 소수이기 때문에 천재의 비율이 조금 더 높은 남성들이 과학계의 상위를 차지할 확률이 높아질 수 있겠다는 주장이죠.

하지만, 과학의 거의 모든 단계에 걸쳐서 여자의 참여를 억제하는 많은 사회적 기작이 존재한다는 증거도 많이 있습니다. 예를 들어, 중고등학교 시절부터 여학생이 수학이나 물리학에서 두각을 나타내면 특이하다고 생각하고, 어학에서 우수한 성적을 나타내면 당연하다고 생각합니다. 대학에 진학할 때도 특정 전공에 대한 성차별적 문화는 존재합니다. 똑같은 이공계라도 공과대학 토목공학과의 여학생 비율과 이과대학 생물학과의 여학생 비율을 생각해보면 쉽게 알 수 있습니다. 실제로 토목공사 현장에서 대졸 이상의 전문 인력이 근력에 근거해서 일해야 하는 경우는 많지 않습니다. 그럼에도 불구하고, 토목공사 현장은 남성 중심 문화가 굳건히 자리 잡은 산업이고, 그렇다 보니 사회적 편견과 학생들의 성별에 따른 선호도가 명확히 나타나게 됩니다.

학위를 마치고 난 이후에도 여성 배타적인 문화는 계속됩니다. 미국의 교수 100여 명에게 가상으로 실험실 관리직에 지원한 박사급 연구원들을 평가하게 했습니다. 지원 서류들은 지원서에 적힌 이름만 남자 이름과 여자 이름으로 달랐을 뿐, 사실은 똑같은 내용이었습니다. 그러자 놀랍게도 남자 이름으로 제출된 서류의 점수가 통계적으로 유의미하게 높게 매겨졌습니다. 이 밖에 미국 대학에 지원한 서류에 첨부된 추천서들 1,200장을 분석한 연구 결과를 봐도 여성에 대한 과학계의 편견이 잘 나타나 있습니다. 남자의 경우 'Brilliant (훌륭한)', 'Trailblazer (선구자)'와 같은 용어들이 많이 사용된 반면, 여성의 경우 'Hardworking (열심히 일하는)', 'Diligent (부지런한)'등과 같은 수동적인 묘사들이 주를 이루고 있었기 때문입니다. 이런 실험과 관찰들이 말해주는 것은 우리가 차이라고 믿어왔던 것들이, 사실은 차별에 의한 편견이라는 것입니다. 물론 남자와 여자는 분명 생물학적으로 다릅니다. 그러나 이러한 생물학적 다름이 사회적 차별의 근거가 되어서는 안 됩니다. 과학계에서도 마찬가지입니다. 특히 여성들의 과학 참여를 막는 문화적인 압력, 남성 중심적인 조직 문화, 임신이나 육아에 도움이 없는 시스템, 성별의 차이를 고려하지 않은 교육 방식 등은 우수한 여성 과학자를 배출하는데 가장 큰 걸림돌이 되고 있습니다.

이 문제 해결을 위해서 다양한 제도를 시행하고 있는데 여기서 주의할 점이 있습니다. 바로 수치상으로 나타나는 성별의 균형이 반드시 성평등을 의미하는 것은 아니라는 점입니다. 오래전 유럽의 과학계에서 남녀가 차지하는 비율에 관한 자료를 본 적이 있습니다. 저는 상식적으로 성평등이 잘 실현되고 있다고 하는 북구 유럽에서 여성 과학자의 비율이 가장 높고, 영국, 프랑스, 독일과 같은 국가들이 그다음, 그리고 지중해 연안 국가가 가장 낮을 것이라 추측하고 있었습니다. 그런데 놀랍게도 스페인이나 포르투갈과 같은 국가에서 여성의 과학 참여가 높은 비율로 나타났습니다. 이 수치만 보면 이 국가들이 과학에 있어서는 성평등이 잘 실현된 듯이 보였습니다. 하지만 나중에 자료를 더 자세히 살펴보니 거기에는 다른 문제가 놓여 있습니다. 바로 이 두 국가에서는 생물학 분야의 여성 참여가 아주 높았습니다. 현대의 생물학 연구는 대부분 실험실에서 자동화된 장비를 이용해서 분석하는 손기술이 중요한 학문입니다. 진입이 상대적으로 쉬워서 임금이 낮은 편입니다. 스페인이나 포르투갈의 경우에는 저임금을 받고 일하는 여성 과학인력이 상대적으로 많았을 뿐, 실제로 과학계에서 남녀평등이 실현된 것은 아니었습니다. 단순히 정량적인 수치로 남녀의 평등을 평가할 때 생길 수 있는 오류입니다.

　　　　최근 과학계에서는 육아휴직에서 복잡한 문제가 생기고 있습니다. 여성 과학자의 육아를 돕기 위해서 본인은 물론 남편도 원하면 육아휴가를 허용하는 대학과 연구소들이 많아지고 있습니다. 부부가 모두 과학자인 경우가 많기 때문에 여성 과학자에 대한 배려로 여겨지고 있죠. 남편이 육아휴가를 얻는 경우 아내에게는 도움이 될지 모르지만 여성 과학자 전체에게는 오히려 해가 될 수도 있다는 연구 결과도 발표되었습니다. 육아휴직을 얻은 아빠 과학자들이 여유 시간이 생기자 더 많은 논문을 써서 결국에는 학계의 경쟁에서 우위에 설 수 있는 이득을 얻는다는 것이죠. 이러한 사실들은 단지 겉으로 보이는 수치에 매몰되지 말아야 한다는 점과 좋은 의도만으로는 원하는 결과를 얻지 못할 수도 있다는 교훈을 주고 있습니다.

**불멸의
여성 과학자**

마지막으로 과학계에서 반짝이는 활약을 했던 두 여성 과학자를 소개해 드리고자 합니다. 첫 번째는 로절린드 프랭클린 (Rosalind

Franklin)이라는 영국의 과학자입니다. DNA의 이중나선 구조는 '왓슨'과 '크릭'이라는 과학자가 발견했다고 알려져 있습니다. 그렇지만 이들의 발견은 로절린드가 진행한 'X-레이 회절 실험'의 결과를 결정적인 단서로 삼은 덕에 가능했습니다. 아직도 논쟁이 많긴 하지만, 로절린드는 자신이 수행한 연구 결과에 대해서 적절한 인정을 받지 못했고, 성격이 괴팍한 여성 과학자로 묘사되곤 합니다. 만일 그가 남성 과학자였다면 어떻게 되었을까요? 제 생각에는 아마도 노벨상을 공동 수상했을지도 모를 일입니다.

또 한 명의 여성 과학자는 레이첼 카슨 (Rachel Carson)이라는 작가입니다. 우리에게는 『침묵의 봄 (Silent Spring)』이라는 책으로 잘 알려져 있습니다. 이 책에서 레이철은 DDT라는 살충제의 피해를 수려한 문장으로 잘 표현했습니다. 이 책에서 칼슨은 DDT라는 물질이 생태계 내에서 먹이그물(Food Web)을 통해 전달되면서 생물농축(Bioaccumulation)이라는 기작을 통해 높은 농도로 생물체 내에서 쌓이는 현상을 알기 쉽게 설명하고 있습니다. 즉 법적으로 허용되는 매우 낮은 농도로 살충제를 뿌리더라도, 물에 녹지 않는 DDT라는 화학물질이 조류, 동물성플랑크톤, 작은 벌레, 그리고 새에 이르기까지 먹고 먹히는 과정에서 생물체 내에 높은 농도로 쌓여서, 인간이 전혀 예상치 못한 상황까지 이르게 되는 과정을 잘 그리고 있죠. 결국 이 살충제 때문에 새의 알이 얇아지고 새끼가 제대로 부화하지 못해서 봄이 되어도 새가 울지 않는 '침묵의 봄'이 오게 된다는 것입니다.

『침묵의 봄 (Silent Spring)』은 당시 산성비, 산림파괴, 생물종 멸종, 반핵운동 등 다양한 환경 문제가 대두되던 서구 선진국의 대중들에게 환경 문제에 대한 새로운 화두를 던진 책입니다. 현대 과학이 모든 문제를 해결할 수 있을 것이라는 '기술 결정론'이 득

세하던 세상에 자연과 환경은 그리 간단하게 이해할 수 없다는 점을 강조한 명저입니다. 물론 칼슨의 생각이 세상에 퍼지기까지의 과정이 순탄치만은 않았습니다. 작가인 카슨 여사는 책 발표 이후 수년 동안 미국 내 의회를 포함한 다양한 기관에 불려 다니며 고초를 겪어야 했고, 대규모 화학 회사와 이들의 지원을 받는 과학자들로부터 받은 비전문가의 엉터리 저술이라는 비난을 포함한 온갖 비판을 방어하느라 많은 시간을 보냈습니다. 아직도 이 책 때문에 DDT 사용이 금지되었고, 이로 인해 아프리카 사람들이 많이 죽게 되었다는 주장을 펴는 사람들도 있습니다. 그렇지만 이 책은 많은 사람에게 환경 문제의 심각성을 알려주었고, 미국 환경청 설립을 비롯해서 세계 각국에서 환경 문제를 심각하게 다루는 결정적인 계기가 되었습니다.

두 여성 과학자는 인류 역사에 큰 획을 그은 중요한 연구와 저서를 발표했다는 점 이외에도 남성 중심의 과학계에서 차별 끝에 본인들의 업적을 충분히 인정받지 못했다는 공통점이 있습니다. 또 안타깝게도 두 사람 모두 암에 시달리다 각각 37세와 56세에 요절했습니다. 이런 선각자들 덕분에 지금은 여성 과학자의 업적이 제대로 인정받지 못하거나 여성이라는 이유로 비난받는 일은 줄어들었습니다. 아직도 갈 길이 멀긴 하지만 더 많은 여성이 과학 연구에 참여하고 이에 합당한 보상과 지위가 보장되길 기대합니다.

또 하나의 벽, 인종

남녀의 차별뿐 아니라, 우리 사회에 자리한 뿌리 깊은 차별 중 하나는 바로 인종의 문제입니다. 한때 우리는 우리나라가 '단일민족국가'라는 말을 많이 했습니다. '하나의 민족'이라는 말은 일체감과 단결성을 보여주기도 하지만 그 이면에는 '인종적 편견'이 도사리고 있습니다. 한국에서 태어나 자랐더라도 외모가 다르게 생긴 이방인이나 부모 중 한 명만 한국인인 경우, 우리나라 사람이 아니라고 생각하는 것에서 쉽게 알 수 있죠. 사실 집단의 평균적인 모습과 다른 이를 경계하는 것은 인류가 진화해오면서 DNA에 각인된 본성 중 하나일지도 모릅니다. 인류는 그 시작부터 지금까지 외부에서 쳐들어오는 적과 생존을 걸고 싸워야 했기 때문입니다. 그렇지만 현대에 들어와서는 외형에서 보이는 차이로 외부인을 적대시하는 것은 의미 없는 일입니다. 먼 거리까지의 이동이 가능해지고 타 대륙으로의 이민과 이주가 일상화된 현대 사회에서는 다양한 인종이 섞여서 사는 것이 일반화되었기 때문입니다. 그럼에도 불구하고 인종을 둘러싼 다양한 편견들은 과학이라는 이름으로 인간을 차별하는 중요한 수단으로 이용되고 있습니다. 나치 정권에서 자행된 잔혹한 유대인 학살은 말할 것도 없고, 오늘날에도 세계 각처에서는 인종적 편견에 의한 범죄와 차별이 자행되고 있습니다. 그럼 과학은 인종에 대해서 어떻게 이해해 왔는지 살펴보도록 하겠습니다.

인종의 과학적 분석

인종에 대한 과학적 분석은 지구상에 존재하는 모든 생물의 분류 체계를 세운 린네 (Linnaeus)에게까지 거슬러 올라갑니다. 린네는 처음에는 인간 즉 '호모 사피엔스 (Homo Sapiens)'를 유럽 인종과 아프리카 인종 둘로 구분했습니다. 나중에는 백인 유럽인, 붉은 미국인(미국 원주민), 노란 동양인, 검은 아프리카인 다섯 종류로 구분했습니다. 이후 오세아니아 대륙이 발견된 이후 'Malay'라 부르는 하나의 인종이 덧붙여진 후 이 분류가 인종 구분의 일반적인 기준으로 사용되었습니다. 이후 1962년 칼튼 쿤(Carlton Coon)이라는 인류학자는 인간을 '코카소이드(Caucasoid)', '몽골로이드(Mongoloid)', '오스트랄로이드(Australoid)', '니그로이드(Negroid)', '케포이드(Capoid)' 이렇게 다섯 개의 인종으로 구분하였고, 이것은 현재에도 사회에서 널리 통용되는 구분 체계입니다.

그럼 이렇게 피부색과 사는 지역에 따라 인종을 구분하는 것은 과학적인 근거가 충분히 있는 것일까요? 인종에 대해 좀 더 과학적인 분석을 살펴봅시다. 우리가 말하는 인종이라는 것은 유전적 차이에 기인합니다. 우리 피부에는 색을 결정하는 색소(Pigment)들이 있고 이를 발현시키는 유전자의 차이가 인종을 결정합니다. 2003년 그 유명한 '인간게놈 프로젝트(the Human Genome Project)'가 완성되어 인간의 모든 유전자에 대한 지도를 갖게 되었을 때, 인류의 이동 경로와 조상에 대한 정보도 더 자세히 파악할 수 있게 되었습니다. 잘 알려진 바와 같이, 인류학적 연구에 따르면 현생 인류는 아프리카에서 시작되어 전 세계로 퍼져나가게 되었죠. 전 세계 인류의 유전적 특성을 알게 되니 각 개인의 유전자를 분석해보면 자신의 조상이 어디에서 유래했는지도 추적할 수 있게 되었습니다.

2004년에 발표된 한 논문은 인종에 대한 유전학적 연구 결과를 잘 보여주고 있습니다(Tishkoff&Kidd, 2004). 이들의 분석에 따르면 우리가 상식적으로 알고 있는 것처럼 멀리 떨어져 있는 사람들 사이에는 유전적 차이가 크고, 가까운 곳에 사는 사람들끼리는 유전적 유사성이 높습니다. 하지만 아프리카 대륙에 사는 사람들 사이의 유전적 변이는 매우 큰 반면, 이곳에서 갈라져 나온 나머지 지역에 사는 사람들의 유전적 특이성은 크지 않았습니다. 즉 다시 말해서 인종 간(흑인-백인, 백인-황인, 황인-흑인)의 유전자 차이보다도 한 인종 내의 유전적 변이가 더 크다는 말입니다. 좀 더 간략히 말하자면, 우리의 상식과는 달리 인종 간에 뚜렷이 구별되는 유전적 특성은 별로 없다는 말입니다. 우리가 인간을 '흑인', '황인', '백인'과 같은 단어들로 구별을 지어놓고 그들 각각이 엄격하게 구별이 된다고 믿는 사람들도 있겠지만, 과학적으로는 서로 다른 인종들 간의 생물학적인 차이는 큰 의미가 없는 수준입니다. 유전자의 유사성을 따지지 않더라도 피부색에 근거한 인종 개념 자체가 말이 안 되는 구분 체계입니다. 예를 들어 백인과 흑인 사이에 자식이 생긴 경우 이 아이는 흑인 혹은 유색인종으로 구분됩니다. 이후에 이 자손의 자손들이 계속 백인과 결혼해서 대를 이어 흘러가도 여전히 그 후손은 흑인으로 구분됩니다. 백인의 유전자가 압도적으로 많은데도 말이죠. 이러한 사실이 말해주는 것은 우리가 마치 대단히 과학적인 근거를 가지고 인종을 구별하고 있다고 생각하지만, 실제로 인종을 구별하고 더 나아가 인종 간의 우월함을 따지는 데에는 매우 비과학적이고 주관적인 판단이 자리 잡고 있다는 것입니다.

과학계에서의 인종

사회에서의 인종 차별 문제가 존재할 뿐 아니라, 과학계에도 인종에 대한 편견과 차별이 존재합니다. 현재 미국의 과학계에서 흑인과 히스패닉은 절대적으로 소수를 차지하고 있습니다. 미국 Pew Research Center의 2017년 설문조사에 따르면 미국 내 STEM(Science, Technology, Engineering and Math) 분야에 종사하는 흑인과 히스패닉은 각각 7%에 불과합니다. 실제로 노동을 할 수 있는 인구가 더 많은데도 말입니다. 이보다 더 심각한 것은 이들이 느끼고 있는 인종차별 문제입니다. STEM에 종사하는 흑인의 62%, 히스패닉의 42%, 아시아계의 44%가 일터에서 인종적 차별을 경험했다고 대답한 점입니다. 백인은 13%만이 이런 차별을 느낀다고 하니 매우 심각한 문제임을 알 수 있습니다.

이런 문제가 남의 일만은 아닙니다. 우리나라도 점점 더 많은 수의 외국인들이 대학의 연구실에서 학생으로 또 연구원으로 일하고 있습니다. 인구도 급격히 줄고 있고, 이공계 기피 현상이 점점 심화되고 있는 현실을 고려할 때 한 세대가 지나기 전에 외국 연구자의 유입 없이는 우리나라 과학계가 유지되기 어려워질지도 모르겠습니다. 과연 우리 사회는 외국인을 차별 없이 사회의 일원으로 받아들일 준비가 되어 있을까요? 유감스럽게도 현재는 준비가 되었다고 보기 어렵습니다. 학위를 마친 외국인들은 한국 사회에 전문가로 진입하기가 힘들어서 대부분 본국이나 제3국으로 떠나갑니다. 연구에 종사하고 있는 한국 대학원생들도 외국인 학생이 연구실에 있는 것에 많은 불만을 표시하고 있습니다. 학교뿐만 아니라 대부분의 정부 행정 문서들이 한국어로 되어 있고, 외국 학생이나 연구자를 수용할 수 있는 인프라가 구축되어 있지 못하다 보니, 이들의 행정업무를 대신해야 할 일이 있기 때문입니다. 특히 우려스러운 것은 이러한 불합리한 업무 부담이 외국인 학생 혐오로 이어질 수 있다는 점입니다. 지금은 변환기라 어쩔 수 없는 상황일 수도 있지만, 장기적으로 외국인 과학자들을 수용하고 이들이 전문가로서 국내에 체류할 수 있는 제도와 문화가 마련되지 않는다면, 우리나라 과학계가 더욱 다양하게 발전한 기회를 놓칠 수도 있을 것입니다.

더 살펴볼 과학자

레이첼 카슨
Rachel Louse Carson

1907년에 태어나 1964년에 사망한 미국의 해양 생물학자이자 작가이다.
Chatham University에서 학사, Johns Hopkins 대학에서 해양 생물학으로
석사학위를 받은 후 미수산청(US Bureau of Fisheries)의 연구원으로 일하면서
『The Sea Around Us』등과 같은 대중과학 저서로 명성을 얻기 시작했다.
이후 환경 문제에 더욱 관심을 가지게 되고 농약 특히 DDT의 폐해를 파헤친
책『침묵의 봄 (The Silent Spring)』을 통해 미국은 물론 전 세계 환경 운동에 획을
긋는 역할을 하였다. 특히 이 책은 미국 대중들의 환경운동에 큰 영향을 미쳤고
결국 미국 환경청(US EPA)의 설립과 다양한 환경법을 제정하는데 원동력이
되었다.

토론할 거리

1

미국 서부 데스 밸리의 고속도로를 가로질러 달리던
자동차가 마주 오던 차와 부딪치는 큰 사고가 났습니다.
운전자인 아버지는 그 자리에서 즉사했고, 옆에 타고 있던
아들은 큰 부상을 당해 병원으로 후송되었습니다. 근처에는
다행히 큰 육군병원이 있었고, 응급실에 도착해서 진찰한
바로는 급히 심혈관 수술이 필요한 상황이었습니다. 다행히
당직 근무 의사는 심혈관 외과 의사로 이름이 높았던 존슨
대령이었습니다. 급히 수술실로 달려온 대령은 수술을
시작하려다가 놀라 크게 소리쳤습니다. '이 아이는
내 아들이야…' 이 이야기는 도대체 어떻게 된 것일까요?
특정 직업의 성별에 따른 편견에는 어떠한 것들이 있을지
논의해 봅시다.

2

우리나라 과학 분야 여성 박사학위 소지자 수에 비해 대학에서
정규 교원으로 일하는 여성의 비율은 매우 낮습니다. 이를
개선하기 위해 대학에서 새로운 교수를 뽑을 때 여성 우대
정책을 취하기도 합니다. 이 제도에 대해 남성들은 능력이
우수한 사람을 뽑아야지 특정 성별을 우대하는 것은 또 다른
형태의 차별이라고 주장합니다. 당신의 생각은 어떻습니까?

3

과학적으로 입증된 인종 간 차이가 없음에도 불구하고
특정 직업군에 특정 인종이 많이 종사하는 경우가 있습니다.
예를 들어 미국 프로 농구 선수에는 흑인이, 컴퓨터
엔지니어에는 아시아인이 많습니다. 이러한 현상들이
인종별로 우수한 능력이 따로 있다는 주장을 뒷받침해주는
것일까요?

8

동물 윤리

우리가 생활 속에서 쉽게 접하는 약, 음식, 샴푸, 비누 등은 시장에서 정식으로 판매되기 전에 많은 동물 실험을 거치게 됩니다. 예를 들어, 인간의 피부에 안전한지를 알아보기 위해서 토끼 눈에 샴푸를 붓거나, 생쥐의 피부에 유독한 화학물질을 투입하는 끔찍한 실험이 벌어지기도 합니다. 과연 인간의 편의를 위해서 다른 동물의 희생은 어쩔 수 없는 것일까요? 과학 연구 과정에서 다른 생물에게 피해를 주는 문제는 과학 윤리에서 자주 논의되는 주제입니다.

동물 윤리의
철학적 배경

동물 실험을 하는 과학자들이 동물들에게 잔혹한 행동을 하는 것에 대해 느끼는 괴로움을 줄이기 위해 '3R' 원칙이 강조됩니다. 이는 Reduction(감소), Replacement(대체), Refinement(개선)의 세 단어 머리글자를 딴 단어입니다. 동물 실험 자체를 줄이고, 가능하다면 다른 실험으로 대체하고, 실험 방법을 개선해서 적은 수의 동물로 실험하자는 주장입니다. 그런가 하면 아예 동물 실험 자체를 금지해야 한다고 주장하는 사람들도 있습니다. 이들은 동물도 보호받을 권리가 있으므로 동물의 복지도 중요하게 고려되어야 한다고 말합니다.

피터 싱어(Peter Singer)는 이러한 동물 윤리의 철학적 근거를 닦은 학자로 널리 알려져 있습니다. 윤리학의 여러 사상 중에 '공리주의'라는 것이 있습니다. 흔히 '최대 다수의 최대 행복'으로 대표되는 생각입니다. 무엇이 정의로운가 혹은 옳은가라는 물음에 대해서 가장 많은 수의 사람들이 최대한으로 행복하고 만족한 상황이라 답하는 사상이죠. 싱어는 그의 저서『동물 해방(Animal Liberation)』에서 이러한 공리주의의 적용 대상을 동물에게까지도 확대해야 한다고 주장했습니다. 예를 들어, 사람과 유인원 사이의 차이는 유인원과 굴 사이의 차이보다 훨씬 적음에도 불구하고, 우리는 유인원과 굴을 모두 동물로 묶어서 사람과 다른 존재로 다룹니다. 최대 다수의 최대 행복을 생각할 때 인류뿐 아니라 유인원과 같이 인간과 유사한 생물들은 물론 다수의 포유류의 권리도 생각해야 한다는 것이 그의 주장입니다. 더 나아가 육식이 윤리적, 환경적으로 잔혹하다고 말하며 '비건 (Vegan)' 식생활을 주장했습니다. 근 몇 년 동안 우리나라를 포함해 전 세계적으로 채식이 상당히 유행하고 있지만, 1970년대에는 이런 주장들이 조금은 낯설었습니다. 싱어는 이 새로운 삶의 양식에 철학적 근거를 제시한 셈이죠.

동물 실험의
무용성

화장품이나 음식의 경우 동물 윤리에 따라 동물 실험을 금해야 한다고 생각하는 사람들 중에서도 의학 분야만큼은 예외로 해야 한다고 믿는 경우가 많습니다. 사람의 생명이 걸린 일이므로 다른 동물을 희생시키는 것은 어쩔 수 없는 선택이라고 말입니다. 그런데 여기서 한 번 더 생각해봐야 할 점은, 과연 동물 실험이 우리가 생각하는 것만큼 인간에게 도움이 되냐입니다.

최근에는 실험용 생쥐를 대상으로 하는 실험이 의미가 없다는 흥미로운 연구 결과들도 나오고 있습니다. 왜일까요? 의학 실험에 이용되는 생쥐들은 다 족보가 있는 쥐들로, 유전적 정보를 확실히 알고 있는 동물들만이 실험 대상이 됩니다. 몸 크기도 그렇지만, 신진대사를 포함한 유전적 특징들이 똑같은 생쥐여야 서로 다른 약을 투여했을 때 일어나는 변화의 원인을 정확히 파악할 수 있기 때문입니다. 그런데 생쥐 장 속의 미생물이 실험을 엉망으로 만들어버릴 수 있다는 사실이 밝혀졌습니다(Velazquez et al., 2019). 생쥐의 유전적 특성을 잘 관리하는 특별한 실험실에서 제공받은 유전자가 동일한 쥐를 가지고 실험을 수행했더라도, 쥐의 장내에 서식하는 미생물들이 달라서 이들이 약의 흡수와 효과에 영향을 미치면 실험 결과는 뒤죽박죽이 되어 버리는 것이죠. 결국, 유용한 과학적 정보도 얻지 못하면서 죄 없는 생쥐만 죽이고 고통을 준 셈입니다.

앞에서 말한 생쥐 실험 결과의 오류가 실험 대상이 되는 동물의 개체 간 유사성이 부족하여 생겼다면, 애초에 동물을 대상으로 한 실험이 사람에게 동일하게 적용되지 않는 경우도 많습니다. 대표적으로 사카린을 들 수 있습니다. 요리할 때 설탕 대신 흔히 쓰이던 사카린이라는 인공 감미료가 몸에 해롭다는 연구 결과가 발표된 이후 사람들은 사카린을 꺼리게 되었습니다. 사카린 사용이 아예 금지되기도 했었죠. 사카린이 몸에 해롭다는 근거는 토끼와 같은 설치류를 대상으로 한 실험에서 사카린이 방광암을 일으키는 원인으로 밝혀졌기 때문입니다. 하지만 나중에 더 자세한 실험을 해본 결과, 토끼의 방광암은 설치류의 독특한 유전적 생물학적 특성 때문에 나타난 것으로 사람과는 상관이 없다는 것이 밝혀졌습니다.

　　반대 사례도 있습니다. 1950년대에 개발되어 임산부들의 입덧을 치료하는 데 쓰이던 탈리도마이드(Thalidomide)의 경우 많은 동물 실험에서는 아무 문제가 없었고, 부작용도 거의 없는 것으로 알려져 있었습니다. 하지만 훗날 밝혀진 바에 따르면 사람에게서는 태아의 기형을 일으키는 문제가 있었습니다. 미국 식품의약국(FDA)에서도 이 약의 시판 신청이 들어왔는데 엄격한 기준으로 인해 약 판매 승인이 나지 않았던 덕분에 큰 피해가 없었지만, 동물 실험 결과만 믿고 약물을 승인한 유럽에서는 1960년대에 들어섰을 때 이미 만 명 가까이 기형아가 출생했습니다.

　　인간과 다른 동물 사이의 유전적인 차이뿐 아니라 이를 대상으로 하는 연구의 질에도 큰 차이가 있다는 점 역시 감안해야 합니다. 특히 동물을 대상으로 한 연구들은 인간을 대상으로 한 연구에 비해 실험 측정, 통계 분석 등에서 정밀도가 크게 떨어지는 것으로 알려져 있습니다. 또 인간을 대상으로 하는 연구 결과는 관심을 많이 받기 때문에 얻어진 결과들을 정리해서 분석하는 소위 '메타분석'이 자주 진행되지만 동물 실험의 경우에는 그렇지 않아서 자료의 신뢰도가 떨어집니다. '메타분석'이란 한 연구진이 아니라 수많은 연구진이 독립적으로 수행한 연구 결과를 모두 모아서 하나의 통계치로 분석하는 방법입니다. 한 명의 과학자가 얻을 수 있는 결과의 양은 한정되기 때문에, 아주 많은 수의 연구 결과를 모아서 통합적으로 분석하면 더 신뢰도가 높아집니다. 결국 동물들에게 큰 고통을 주면서 얻어낸 자료가 인간의 건강 개선에는 큰 도움이 되지 않는 경우들이 많다는 말입니다.

동물 실험을 대신할
최신의 기술

이러한 문제들이 있다 보니 동물 실험을 대체할 방법들이 속속 개발되고 있습니다. 대표적인 것이 '장기 칩(Organ-on-Chips)'을 이용하는 방법입니다. 장기 칩 실험이란 동물 대신 작은 유리 슬라이드 위에 인간의 세포를 배양해서 그것을 대상으로 여러 가지 약물이나 화학물질을 시험하는 것입니다. 나노 수준의 화학적 기술의 발전과 인공적인 세포 배양과 관련된 바이오 기술을 접목해서 만든 새로운 기술입니다. 동물을 희생시키지 않고 여러 가지 조건에서 실제 인간 장기 세포에 어떤 일이 일어날지 모사해보려는 시도죠.

최근에는 '장기유사체(Organoid)'라는 연구 분야도 큰 관심을 끌고 있습니다. 우리 몸의 세포는 각 장기나 조직마다 전부 다른 형태로 분화하여 발전해 있습니다. 그런데 이렇게 특화되기 이전의 미분화 세포를 줄기세포라고 합니다. 이 줄기세포가 어떤 물질에 의해 각각의 독특한 세포로 분화하여 변화하는지를 안다면 우리가 원하는 특정 세포를 만들어낼 수도 있을 것입니다. 장기유사체는 이런 아이디어에서 출발하여, 성체줄기세포, 배아줄기세포, 유도만능줄기세포와 같은 원형의 세포에 적절한 물질을 투입하고 자극을 가해서 3차원의 세포 덩어리를 만드는 기술입니다. 이 기술을 이용하면 우리가 원하는 장기의 세포와 유사한 세포 덩어리를 인공적으로 만들어낼 수 있습니다. 동물 실험도 필요 없고, 사람의 실제 장기가 없이도 이와 유사한 모델 시스템을 만들어내니 윤리적인 문제도 적고, 실제 사람에게 문제를 일으킬 수 있는 독성 물질의 영향도 효과적으로 파악할 수 있지요. 이 밖에도 인간의 피부세포를 모사한 시스템, 폐 세포를 배양한 시스템 등이 개발되어 실제로 활용되고 있습니다.

컴퓨터와 AI 기법의 발전을 이용하여 화학물질의 구조나 특성을 토대로 인체에 미칠 영향을 수학적 모델을 통해서 모의해 보려는 연구도 더욱 활발하게 진행되고 있습니다. 전통적인 방법이긴 합니다만 환자나 자원자들을 대상으로 한 실험들도 활발히 이루어지고 있습니다. 예를 들어, 뇌에서 일어나는 전기적 반응을 살펴보는 fMRI라는 기술이 적용된 장비를 뇌 질환 환자들을 대상으로 이용해 새로운 약이나 치료법을 실험하는 시도들도 활발합니다. 이러한 과학 기술의 발전은 동물들에게 가해지는 잔혹한 실험을 통하지 않고도 우리가 원하는 의학적 데이터를 얻을 수 있게 도와줍니다. 물론 이런 방법은 아직 기술적 한계를 가지고 있습니다. 그렇지만 지금까지는 동물 복지보다는 얼마나 실험을 경제적으로, 또 효율적으로 할 수 있느냐에 초점이 맞추어져 있다 보니 이런 대체 실험에 대한 연구나 투자가 부족했던 것이 사실입니다. 앞으로 이런 실험과 연구에 대한 사회적 요구가 커지고 경제적인 수익이 보장된다면 관련 기술은 빠른 속도로 발전할 것입니다.

과학, 그게 최선입니까? –
윤리가 과학에 묻는 질문들

더 살펴볼 과학자

피터 싱어
Peter Albert Singer

1946년 호주에서 태어난 철학자로 영국 옥스퍼드 대학에서 박사학위를 수여했고, 현재 프린스턴 대학 교수로 재직 중이다. 응용 윤리학의 대가로 알려져 있으며, 특히 1975년에 발표한 『동물 해방 (Animal Liberation)』이라는 저서를 통해서 동물의 윤리, 채식주의 운동에 대한 이론적 바탕을 닦은 것으로 유명하다. 그의 철학은 세속적 공리주의에 근거하고 있으며, 이타주의와 전 세계적 빈곤 문제 해결에 대한 많은 철학적 논의를 진행하였다.

토론할 거리

1

가끔 멧돼지가 민가를 습격해서 농사를 망치는 일도 있고,
철새 떼들 사이에서 조류독감 바이러스가 발견되어 주변
양계장들이 피해를 본다고 걱정하는 일들도 있습니다. 이러한
동물들은 숫자를 줄여서 질병이나 다른 피해가 없도록 하는
것이 인간에게 유익한 일이고 윤리적으로도 문제가 없는
해결책일까요?

2

의학 연구에서는 여전히 동물 실험이 널리 이용되고 있습니다.
어떤 경우에 동물 실험이 허용되어야 하고 어떤 경우에는
제한되어야 하는지와 그 이유에 대해서 각자의 생각을 말해
봅시다.

3

동물 실험에 대한 사회적인 문제의식이 높아지면서 동물
실험을 하지 않는 제품을 비용을 더 지불하더라도 구입하는
'윤리적인 소비'를 실천하는 사람들이 많아지고 있습니다.
이런 소비가 늘어나는 것이 동물 실험 문제를 해결하는 데
어떤 도움을 줄 수 있을까요?

9

에이즈와 코로나19

2020년 인류 사회는 공상과학 소설에나 나올 법한 세계적인 대혼란에 빠졌습니다. 세계 대전이나 외계인의 침공이 아닌 바로 지구 상에 존재하는 눈에 보이지도 않는 바이러스 때문입니다. 여러분도 다 아시다시피 코로나19라고 불리는 새로운 바이러스가 세계적으로 매우 빠른 속도로 퍼지면서 사회 전체를 마비시킨 상황이었습니다. 2020년 3월 세계보건기구(WHO)는 코로나19에 대해 팬데믹 선언, 그러니까 세계적 대유행 선언을 했습니다. 바이러스로 인한 피해도 문제지만, 코로나19에 관련된 복잡한 윤리 문제들도 등장하고 있습니다. 예를 들어 중환자 병상 수가 부족한 상황에서 생존 가능성이 낮은 노약자에게 병상을 양보하라고 요구해야 할까요? 코로나 확산을 막기 위해서 개인의 자유나 의지를 억제하는 것은 어느 정도까지 허용해야 할까요? 백신과 치료제가 충분하지 않다면 누구부터 접종받게 해야 할까요? 코로나19가 세계적으로 유행하는 현 상황에서 백신을 개발한 제약사는 떼돈을 벌게 될 텐데, 이러한 의약품의 유통은 시장에 맡겨둬야 할까요, 아니면 국가나 국제기구가 간섭해서 조정해야 할까요?

코로나19만큼 모든 사람의 삶에 영향을 미친 것은 아니지만 수십 년 전에 북미와 유럽 등의 선진국에서 큰 사회 문제를 일으킨 질병이 있었습니다. 그 질병이 어떻게 생겨나서 사회에 전파되었고, 어떻게 사람들에게 인식되었으며 어떤 과정을 거쳐 치료약이 만들어졌는지를 살펴보면 코로나19를 통해 우리가 경험한 감염병의 윤리적 측면에 대해 다시 한번 성찰할 기회가 될 것 같습니다. 그 질병은 바로 후천적 면역결핍증, 에이즈(AIDS)라고 더 잘 알려진 병입니다.

에이즈의
역사적 고찰

에이즈가 사회 문제로 떠오르기 시작한 것은 1970년대 중후반 미국 서부, 특히 남성 동성애자가 많은 지역에서 원인 모를 질병으로 사람들이 사망하기 시작하면서부터입니다. 마치 일부 사람들이 코로나19를 '우한 폐렴'이라 불러야 한다면서 혐오를 조장했듯이 에이즈도 처음에는 '게이 역병(Gay plague)'이라고도 불리었습니다. 특정 성소수자들의 문제라고 치부한 것입니다. 그러나 1980년대 들어 당시 인기 배우이던 록 허드슨(Rock Hudson)이 사망하면서 에이즈가 대중들에게도 크게 각인되기 시작했습니다. 과학자들은 1984년에 에이즈의 원인이 되는 병원균은 인간면역결핍 바이러스, 즉 HIV(Human Immunodeficiency Virus)라는 것을 밝혀냅니다 (Popovic et al., 1984). 이 바이러스는 인간의 면역을 담당하는 T세포를 교란해서 인간의 면역력을 떨어뜨립니다.

당시 에이즈는 두려운 병이긴 했지만, 동성애자들 간에만 감염이 된다고 믿어서 이성애자들은 큰 문제가 없을 거라 믿었습니다. 또 원인이 되는 바이러스도 밝혀졌기에, 백신을 만들면 금방 해결될 것이라고 생각했습니다. 어떤 전문가들은 2년이면 해결될 것이라 큰소리치기도 했으니까요. 하지만 실상은 그리 쉬운 일이 아니었습니다. 당시 개발에 성공한 간염 백신의 경우에도 안정적인 백신을 완성하기까지 아주 많은 시간이 걸렸습니다. 에이즈 바이러스는 사람 몸에서 면역세포를 변형시키는 독특한 특성이 있고, 변이도 빠르게 일어났기 때문에 더더욱 단기간에 백신을 만들기가 어려웠습니다. 그러는 동안 미국에서는 동성애자들의 정치적 영향력이 점점 커지고 있었고, 에이즈가 전 세계에 확산되면서 더 이상 특정 집단의 문제가 아닌 국제적인 문제로 대두되기 시작했습니다. 특히 에이즈는 종잡을 수 없는 불치병으로 인식되었습니다. HIV에 감염이 되어도 에이즈와 관계 없이 건강히 사는 사람들도 나타났고, 거꾸로 바이러스를 모두 치료했는데도 병이 악화되어 사망하는 일도 나타났기 때문입니다.

미국 내에서는 치료제를 빨리 만들어서 대처해야 한다는 목소리가 높았습니다. 미국에서 신약에 대한 허가를 담당하는 기관은 미국 식품의약청(FDA: Food and Drug Administration)이라는 곳인데, 이곳은 신약을 허가하는 데 매우 보수적입니다. 약의 효능뿐만 아니라 부작용이 없다는 것을 확실히 보여주지 않으면 약 사용을 허가하지 않습니다. 앞에서 소개했던 Thalidomide라는 약에 대한 경험 때문입니다. 미국 식품의약청은 1, 2, 3상(Phase)이라고 부르는 총 3단계의 임상 결과가 충분히 나오지 않으면 약의 시판을 허용하지 않습니다. 1상은 약의 독성과 효과와 효과적인 용량에 대한 소규모 검사를 수행하는 단계고, 2상은 더 큰 규모의 장기 조사로 효능을 확인하는 단계입니다. 3상에 들어가면 대규모로 투약해서 다른 치료법과 효능을 비교하기도 합니다. 보통 이 단계를 모두 거치려면 천문학적인 비용도 들고 시간도 10년 이상 걸리는 것이 일반적입니다.

상황이 이렇다 보니 에이즈의 긴급성을 고려해서 위험이 내포되어 있더라도 새로운 약을 환자에게 실험해야 한다는 주장들이 민간단체에서 나오기도 했고, 관련하여 정부의 기관들과는 마찰을 빚기도 했죠. 허가도 나지 않은 'Ribavirin'이라는 약이 효과가 있다는 실험 결과가 알려지자 밀수가 성행했습니다. 처방을 받기 위해 규정이 덜 엄격한 유럽까지 원정 가는 현상도 일어났습니다. 이 상황에서 에이즈에 걸린 사람들은 필사적으로 해결 방법을 찾으려고 합니다. 이런 배경에서 다른 치료 방법이 없는 경우에 최후의 수단으로 사용을 허용하는 '확장허용(Expanded Access)' 혹은 '동정적 사용(Compassionate Use)'이라는 제도가 미국 식품의약청에 도입되기도 했습니다. 이후 여러 연구소와 과학자들의 노력 끝에 'AZT(asidothymidine)'라 부르는 약이 유력한 에이즈 치료제로 떠올랐습니다. 하지만 1상 실험과 2상 실험에 시간이 오래 걸리자 허가가 나기 전에 환자들이 이미 죽어있을 거라는 사회적 압력이 커졌습니다. 그 때문에 FDA는 2상 실험이 성공적으로 끝나자 3상 실험 없이도 AZT를 승인했고, 드디어 의료 현장에서 공식적인 에이즈 치료제가 쓰이기 시작했습니다.

　　　　　이 과정에 대해 여러 가지 생각할 점이 있습니다. 급박한 상황이라고 해서 전통적인 1, 2, 3상 과정을 거치지 않고 약을 만들어서 환자에게 공급하는 것이 최선의 방법인지, 아니면 시간이 걸리더라도 안전하고 효과적인 약을 개발하는 것이 더 윤리적인지 하는 문제 말입니다. 또 다른 심각한 문제도 하나 등장했습니다. 바로 약값의 문제죠. 개발된 AZT를 사용하면 환자 일인당 연간 치료비가 천만 원 이상 들어갔습니다. 이 약을 개발한 Buroughs Wellcome 회사는 엄청난 수입을 올리게 되었지만, 환자들의 부담은 물론 보험회사의 부담 범위 등에 대해서 계속 논란이 일었습니다. 또 전통적으로는 이러한 약의 개발은 장기에 걸쳐서 연구자나 전문가의 판단에 따라 진행되었으나 AZT의 경우에는 상황의 급박함 때문에 단기에 걸쳐서 '환자'들의 요구가 크게 반영된 새로운 신약 개발 모델을 보여주었습니다. 예를 들어 보통 신약 개발에서는 위약효과(Placebo)를 확인하기 위해 암맹 실험

(Blind test)이 필요합니다. 즉 실제 AZT약을 투여한 그룹과 똑같이 생겼지만 아무 효과가 없는 약을 투여한 그룹을 비교해야만 합니다. 하지만 후자의 경우 결국 아무 처방도 받지 못하고 죽을 운명에 처해진 것이죠. 이런 이유로 에이즈 활동가들은 위약 실험을 비판했고, 실제 약인지 아닌지 구분하는 요령까지 퍼지기 시작했습니다.

또 실험 대상자들이 두려움에 이 약 저 약을 섞어 먹는 일까지도 나타났습니다. 결국 전통적인 의사와 환자의 관계가 새로 정립되어야 할 문제가 대두되었습니다. 미국 샌프란시스코를 중심으로 환자 그룹과 지역 의사들이 직접 소규모 실험을 디자인해서 실현시키기 시작했고, 여기에 제약사들도 참여하기 시작했습니다. 즉 전통적인 신약 개발 방식은 대기업을 중심으로 1, 2, 3상 실험이 진행되고, 이를 정부가 엄격하게 심사하는 비효율적인 과정을 거쳐야만 했습니다. 그러나 새로운 방식은 관료주의도 없고, 위약의 윤리적 문제도 없으며 환자의 협조성이 더욱 높아지게 되었습니다. 이런 절차를 거쳐 폐렴 증상 치료를 위해 에어로졸로 만들어진 펜타미딘(Pentamidine)이라는 약이 시도되었고, 정부 기관의 비협조에도 불구하고 짧은 시간 안에 과학적 자료를 얻어서 결국에는 미국 식품의약청 역사상 처음으로, 지역 사회에서 얻어진 자료에 근거한 신약으로 허가되었습니다. 이 과정에서 에이즈 활동가들과 전문가들 사이의 갈등도 있었지만 결국에는 이런 방식의 신약과 치료제 개발 과정이 새로운 임상 실험의 한 가지 방법으로 받아들여지게 되었습니다. 이후 다양한 약들이 계속 개발되면서 현재는 비록 HIV에 감염되더라도 잘 관리하면 에이즈로 진전하지 않고 오랜 기간 건강히 지낼 수 있는 상황이 되었습니다.

코로나19 사태와 관련된
정치적 혼란

이렇게 에이즈가 발견되고 치료약을 찾기까지 수많은 시행착오와 사회적 갈등이 나타났습니다. 어쩌면 현재 우리가 겪고 있는 코로나19도 이와 비슷한 과정을 겪고 있는지도 모르겠습니다. 처음 질병이 시작된 이후로 중국이나 우한에 대한 비난과 저주, 그리고 특정 집단에 대한 혐오가 나타났습니다. 우리나라에서도 정치적인 이유로 중국에 대한 인식이 나빠지고 있던 상황이라 정치적 우파들을 중심으로 코로나19를 퍼뜨린 주범으로 중국을 지목하고 비난하는 사람들이 나타났습니다. 미국에서는 트럼프 대통령의 지지자들을 중심으로 유색인종 특히 아시아계에 대한 비난과 증오가 나타났죠. 일부 유럽 국가에서도 관계없는 한국인이나 일본인까지 싸잡아서 공격받거나 욕을 먹는 일까지 벌어지게 되었습니다. 전세계가 얼마나 짧은 시간 안에 비이성적으로 변해갈 수 있는지를 잘 보여주었습니다.

또 코로나에 대한 대응에서 필요 없는 논쟁들이 나타나기도 했습니다. 처음에는 마스크를 쓰는 것이 과학적으로 근거가 있는 것인지에 대해서조차 논란이 있었고 특정 국가나 지역에서 발병이 많이 되거나 혹은 적게 나타나는 것을 자의적으로 해석하기도 했습니다. 그러나 묵묵히 방역과 연구에 전념하는 과학 기술자와 관료들 덕분에 많은 정보가 쌓이면서 무엇이 대중의 안전을 보장할 수 있는지에 대한 지침이 생겼습니다. 결국 우리의 편견과 비이성적인 행동을 이겨낼 수 있는 원동력은 과학적 자료와 이에 근거한 논리적 사고라는 점을 다시 한번 일깨워줬습니다.

그러나 이 과정에서 많은 윤리적 논란들이 생겨났고 아직도 정답을 찾지 못한 문제도 많이 있습니다. 예를 들어, 백신의 양이 충분치 않은 상황에서 누가 먼저 접종대상자가 되어야 하는가 하는 문제 말이죠. 감염된 사람들과 접촉이 많고 치료에 중요한 역할을 담당하는 의료진이 먼저 접종해야 한다는 것에는 대부분이 동의할 것입니다. 그럼 그다음은 누가 되어야 할까요? 아마도 사망률이 높아 특히 이 질병에 취약한 나이가 많은 분들이 우선순위가 되어야 할 것 같습니다. 하지만 어떤 과학적 시뮬레이션 결과에 따르면 활동량이 많은 30~40대가 먼저 접종하는 것이 환자 수를 줄이는 데 더 효과적이라고 합니다. 하지만 이 경우 면역력이 떨어진 고위험군의 사망률이 더 높아지는 부작용을 피할 수 없죠. 과연 팬데믹을 빨리 종식시키는 것과 사망률을 낮추는 것 중에 무엇이 더 옳은 선택일까요? 이런 문제에 대해서 우리는 어떤 윤리적 판단을 해야만 할까요?

코로나19 백신과 관련된 논쟁

자신의 신념에 따라 백신 접종을 거부하는 사람은 어떻게 해야 할지도 뜨거운 논쟁거리였습니다. 사실 코로나19 퇴치를 위한 과정에서 새로운 과학적 진보도 나타났습니다. 바로 새로운 mRNA 백신의 등장이죠. 백신은 에드워드 제너가 소에서 얻은 고름에 열을 가해 병원균을 사멸한 후 이를 사람에 접종해서 면역력을 키워 천연두를 예방하는 방법에서 시작했습니다. 라틴어에서 소를 뜻하는 'Vacca'라는 말을 사용했고, 후에 프랑스의 루이 파스퇴르가 '백신(Vaccine)'이라는 용어를 정립했습니다. 즉 백신은 병원체에 어떤 처리를 해서 약화시킨 후 사람 몸에 주입해 몸 안에 항체를 새기는 방법입니다. 나중에 실제 병원균이 들어오면 빠른 속도로 강한 면역 반응이 생겨서 질병을 쉽게 퇴치하게 됩니다.

보통 백신은 이런 병원체의 단백질이나 다당류를 기반으로 만들어집니다. DNA나 RNA와 같은 핵산을 백신에 이용한 연구가 일부 진행되긴 했습니다만, 다수의 과학자는 이런 방식, 특히 RNA를 이용한 백신은 성공 가능성이 낮다고 생각했죠. 왜냐하면 RNA 특히 mRNA(전사 RNA)는 매우 불안정한 분자여서 외부에 노출되면 금방 파괴되기 때문입니다. 그렇지만 이번에 개발된 화이자나 모더나 백신의 경우 mRNA를 인지질 막 안에 넣은 형태로 아주 높은 효율을 보였기 때문에, 코로나19 대응뿐 아니라 바이러스 면역학 분야의 새로운 장을 열었다고 할 수 있습니다.

그러나 이러한 새로운 과학적 발전이 오히려 백신에 대한 거부감을 불러오기도 했습니다. 오래전부터 모든 백신에 대해서 반대해온 '백신 반대주의자'들은 백신이 자폐를 일으킬 수 있다거나 자신들이 믿는 종교의 교리에 반한다는 등의 비과학적 이유로 백신 반대 운동을 해왔습니다. 어떤 이들은 백신이 제약회사가 돈을 벌어들이려고 벌이는 사기극이라는 음모론을 제기하기도 했습니다. 코로나19의 확산에 대응하고 위중증 환자를 보호하기 위해 새로운 백신을 급히 만들어 많은 사람에게 한꺼번에 보급하는 과정에서 백신 반대주의자들이 다시금 목소리를 키웠습니다. 백신 반대주의자들의 주장은 백신의 효용이 과학적으로 규명되며

사그라들게 되었습니다. 많은 나라에서 코로나19를 대응하는 데 있어 국민적 합의나 효과적인 관리 체계 유지 등에 실패하는 등 사회적으로 시끄럽고 혼란스러운 일들이 벌어졌습니다. 그러나 결국에는 개인의 권리를 보장하는 동시에 모든 과학적 자료를 동원해 대중들에게 정확한 정보를 투명하게 제공하고 협조를 구하는 방식이 효율적이면서도 가장 윤리적인 방법이라는 것을 다시 한 번 보여주었습니다.

토론할 거리

1

코로나19 퇴치를 위해서는 백신 접종이 절대적으로
필요합니다. 그렇지만 백신을 신뢰하지 못해서 접종을
거부하는 사람들에게 정부는 어떻게 대응해야 할까요?
그들의 의사를 존중해야 할까요, 아니면 불이익을 주어
접종할 수 있도록 유도해야 할까요?

2

코로나19 백신을 모든 국민에게 동시에 접종할 수 없다면
어떤 이들이 우선 접종하도록 해야 할까요?

3

불치의 병에 걸린 사람들은 국가기관의 허가를 받지 않은
의약품이나 치료 방법에 의존하기도 합니다. 이런 일은
불법적인 일이지만 다른 치료 방법이 없는 경우에는
허용되어야 한다고 주장하는 사람들도 있습니다. 정부의
감독 기관에서는 이런 의료 서비스를 제공하는 기업이나
개인의 의료 활동을 얼마나 묵인하거나 혹은 제재해야 할까요?
또 그런 행동의 판단 근거는 무엇이라고 생각합니까?

과학, 그게 최선입니까? –
윤리가 과학에 묻는 질문들

10

환경 윤리와
기후 정의

과학의 발전은 우리에게 많은 혜택과 이익을 가져다주었지만, 그 발전의 이면에는 수많은 피해가 존재합니다. 환경 문제가 대표적이지요. 특히 최근 들어서는 기후변화가 가장 큰 환경 문제로 등장했습니다. 어떤 이들은 환경 문제를 경제 발전을 위해 어쩔 수 없이 감수해야 하는 문제로 생각하거나, 경제가 발전하면서 일시적으로 나타나는 현상이므로 미래에 기술이 발전하면 모두 해결할 수 있을 것이라 믿기도 합니다. 하지만 환경 문제는 단순히 과학 기술의 측면에서만 해결할 수 있는 문제가 아닙니다. 오늘날 환경 문제를 해결하기 위해서는 인간이 자연을 바라보는 관점, 즉 자연과 인간이 어떤 관계를 맺고 어떻게 공존할 것인가와 같은 고민에서 시작되어야 합니다. 이러한 점에서 환경 문제는 과학 윤리와 밀접하게 연관되어 있습니다.

공유지의 비극과 환경 문제

환경 문제의 본질을 쉽게 잘 비유한 표현으로 '공유지의 비극'이 있습니다. 이를 설명하기 전에 먼저 우리가 차용하고 있는 경제 시스템을 잠시 살펴보도록 하겠습니다. 현대 대부분의 국가 경제는 자본주의에 근거하고 있고 자본주의의 효율성은 '보이지 않는 손(The Invisible Hand)'이란 단어로 잘 설명됩니다. 이 용어는 애덤 스미스(Adam Smith)가 1776년 『국부론 (The Wealth of Nations)』에서 사용한 용어입니다. 각 개인, 즉 경제 주체는 자기 자신만의 이익을 위해 행동하지만 이런 행동들이 모여 결과적으로는 사회 전체의 이익에 기여하게 됩니다. 이때 개인의 행동으로 이루어져 사회의 효율적인 시스템을 만드는 힘을 '보이지 않는 손'이라고 합니다. 예를 들어 사업가나 기업가는 자신의 이익을 위해 새로운 회사를 만들지만 이를 통해 소비자에게 필요한 재화와 용역을 생산합니다. 경쟁을 통해 제품의 품질이 개선되고 가격도 하락하고 새로운 일자리를 창출하게 됩니다. 소비자들도 자신의 이익을 위해 값이 싸고 품질이 좋은 상품을 선택하게 되고 이는 사회적으로 자원 소비의 최적화를 유도합니다.

그렇다면 환경 문제도 보이지 않는 손의 힘으로 해결할 수 있지 않냐고 반문할 수도 있겠습니다. 하지만 완벽해 보이는 시장도 제대로 작동하지 않는 몇 가지 예외가 있는데 이를 '시장의 실패'라고 합니다. 그중 여기서 이야기하려는 환경 문제와 밀접하게 연관된 시장 실패 사례는 '외부성(Externality)'입니다. 외부성이란 한 경제 주체가 하는 행동이 다른 경제 주체에게 대가 없는 이득을 주거나, 비용 없는 피해를 주는 경우를 말합니다. 특히 후자의 경우를 '부의 외부성(Negative externality)'이라고 부르는데 환경 문제 대부분은 이에 해당합니다. 예를 들어, 19세기 때 존재했던 피혁 공장의 경우를 생각해봅시다. 공장주는 강물을 공짜로 끌어다가 가죽을 만드는 데 사용한 후 오염된 폐수를 도로 강물에 그냥 버렸습니다. 주인은 물을 사용하고 오염시키는 것에 대해 아무런 비용도 지불하지 않고 가죽을 팔아 이득을 남겼지만, 이로 인해 오염된 물을 정화하거나 이 물을 먹어서 건강에 피해를 입은 다수의 사람은 큰 비용을 지불했습니다. 이것이 부의 외부성입니다. 20세기 들어 이런 식의 환경오염과 그로 인한 직접적인 피해가 전 세계적으로 발생하면서 환경 문제는 시장에서 저절로 해결되지 않는다는 사회적 인식이 널리 퍼지게 되었습니다.

생물학자 개릿 하딘(Garrett Hardin)은 '공유지의 비극 (The Tragedy of Commons)'이라는 에세이를 통해 환경 문제에서 발생하는 부의 외부성을 잘 표현했습니다(Hardin, 1968). 여기서 공유지란 누구나 와서 가축을 먹일 수 있는 공공 소유의 땅을 의미합니다. 공공의 땅을 사용하는 데는 비용이 들지 않으므로 각 농부는 자신의 이익을 극대화하기 위해 각각 자신의 가축을 최대한 많이 먹이려 하겠죠? 그렇게 되면 결국 공유지는 황폐한 땅으로 변하여 종국에는 아무 풀도 자라날 수 없는 황무지가 되고 결국 아무도 그 땅을 더 이상 사용할 수 없게 된다는 비극적인 이야기입니다. 이 예시는 환경과 같은 '공공재'가 누구의 간섭이나 조정 없이 시장에 맡겨졌을 때 어떤 일이 일어나는지 쉽게 보여줍니다. 자연 자원을 최대한 사용하고 오염물은 최대한으로 배출하는 것이 개개 경제 주체에게는 이익을 높이기 위한 합리적인 행동이고, 이는 결국 사회 전체적으로 큰 피해로 돌아오게 된다는 것입니다.

환경 문제의
철학적 이해

고전적인 자본주의의 관점에 따르면, 합리적인 경제활동이란 자연을 최대한으로 이용하여 최대 이익을 얻어내는 것입니다. 즉, 자연은 보호할 대상이 아니라 최대한 착취해야 할 대상으로 간주하며, 이러한 관점을 바꾸지 않는다면 환경 문제의 근본적인 해결은 멀기만 한 문제입니다. 따라서 환경 문제 해결의 핵심은 인간과 자연과의 관계를 어떻게 이해하는가에 달려있다고 주장하는 사람들이 많으며, 이 관계에 천착하는 학문 분야가 바로 '환경철학'입니다.

환경철학과 관련된 사조들은 자연과 인간의 관계를 다양한 방식으로 설명하고 있는데, 이는 크게 '생태 중심주의(Ecocentrism)'와 '기술 중심주의(Technocentrism)'로 대별 됩니다. 생태 중심주의는 인간을 자연에 속한 수많은 종 중 하나일 뿐이라 생각하며, 인간이 다른 생물체 혹은 자연에 우선할 아무런 도덕적 철학적 근거가 없다는 사상입니다. 생태 중심주의는 실천 방식이나 주장의 강도에 따라 다시 '심층 환경주의(Deep environmentalism)'와 '상리주의(Communalism)'로 구분됩니다. 전자는 자연 자체의 권리 즉 '생물권리(Bio-right)'를 주창하며 인간뿐 아니라 자연도 윤리의 대상이 되어야 한다고 믿습니다. 극단적인 경우에는 자연 보존을 위해서라면 인간의 희생도 감수해야 한다고 주장합니다. 이에 비해 상리주의는 인간도 자신의 보존과 성장을 추구하는 일반적인 생물종의 특성이 있으며 인간의 생활을 유지하기 위해서 자연에 피해를 주더라도 최소한의 활동은 보장해야 한다고 주장합니다. 실천적인 측면에서 이들은 소규모 자조적 공동체를 지향하며 재생에너지와 연성기술(Soft Technology)에 대한 개발을 강조합니다.

이에 비해 기술 중심주의는 인간을 다른 생물체와 뚜렷하게 구분되는 독특하면서도 '우월한' 존재로 인식하며 인간 고유의 특성을 강조합니다. 이 철학적 사조의 근저에는 인간은 자연을 정복하고 이용할 권리가 있음을 분명히 하고 있습니다. 이 주장에 따르면 인간은 진화의 최고 단계 혹은 신이 특별히 창조한 피조물로서 다른 생물들과는 다른 단계이며 인간의 생존과 번영을 추구하는 것이 윤리적으로도 타당한 일이라 생각합니다.

기술 중심주의도 그 주장의 강도에 따라 크게 '편리주의(Accommodation)'와 '간섭주의(Cornucopian 혹은 Interventionism)'로 구분됩니다. 전자는 인간이 계속 경제 성장을 하기 위해서는 환경을 보존해야 하며, 이를 위해서는 법적 혹은 경제적 지원이 필요하다고 주장합니다. 이들은 자연의 법칙을 정확히 이해하고 자연이 견딜 수 있는 한계를 넘어서지 않는 경제 성장만이 지속 가능하다는 믿음을 가지고 있습니다. 이에 반해 간섭주의는 극단적인 '기술 숭배적' 경향을 보이며 자연을 파괴한 것도 인간이지만 이를 제대로 바로 잡을 수 있는 것도 오직 인간이라고 주장합니다. 즉 경제 발전 단계에서 자연을 많이 파괴했지만 결국 인간이 발전시킨 기술로 이런 오염 문제들을 모두 해결할 수 있으며 더 많은 경제 발전을 통해서만 환경 문제를 해결할 수 있다고 믿습니다.

이러한 환경철학의 논의는 '환경윤리'의 문제와도 밀접하게 연관되어 있습니다. 왜냐하면 자연과 인간과의 관계를 어떻게 보느냐에 따라 우리의 행위가 윤리적인지 아닌지 달라지기 때문입니다. 예를 들어, 심층 환경주의자에게 인간이 먹고 살기 위해 다른 동물이나 식물에게 해를 입히는 모든 행위는 비윤리적입니다. 이에 비해 간섭주의자는 인간의 복지를 해치는 행위는 비록 그것이 자연을 지키기 위한 것일지라도 비윤리적으로 평가합니다. 환경윤리가 다루는 근본적인 문제, 즉 자연 안에서 인간의 위치에 대한 논의는 구체적으로 생태계 파괴, 종 다양성 손실, 기후변화, 광범위한 오염 문제 등 다양한 환경위기를 이해하는 데 중요한 출발점이 됩니다. 역사적으로 보면 이러한 철학적 원리의 근저에는 피터 싱어(Peter Singer) 동물 해방론, 알도 레오폴드(Aldo Leopold)의

땅에 대한 윤리, 존 롤즈(John Rawls)의 사회정의의 세대 간 분배에 관한 논의 등이 깔려 있습니다. 즉, 인간은 지구상에 존재하는 다른 동물들을 희생시킬 권리를 가졌는지, 땅으로 대표되는 자연 자원은 누구의 소유인지, 현세대의 이익을 위해서 후손들이 깨끗한 자연을 향유할 권리를 침해해도 되는지 등이 현대의 환경윤리가 직면한 중요한 질문들이라 할 수 있습니다.

기후변화의 대응 전략과 윤리

이렇듯 환경 문제의 기저에는 많은 윤리적 질문들이 깔려 있는데, 특히 현재 인류가 직면하고 있는 가장 심각한 문제 중 하나인 기후변화에 관한 여러 가지 윤리적인 문제들이 나타나고 있습니다. 지난 몇 년간은 전 세계적으로 평균 기온이 기록적으로 높았던 해였습니다. 가뭄, 태풍, 홍수, 바닷가 지역의 침수 등으로 대중들이 느끼는 기후변화의 위험성은 점점 커지고 있습니다. 2022년에는 파키스탄에서 집중 호우로 전 국토의 1/3이 물에 잠겨버렸고, 반대로 유럽 등은 극심한 가뭄으로 큰 피해를 보았습니다. 우리나라의 여러 지역에서도 관측 이래 가장 많은 비가 내렸습니다.

이렇게 기후가 변화하게 된 것은 대기 중의 이산화탄소를 비롯한 기체들의 농도가 높아졌기 때문입니다. 이 기체들은 태양에서 온 에너지를 붙잡아 대기 온도를 높이는 역할을 하기 때문

과학, 그게 최선입니까? –
윤리가 과학에 묻는 질문들

에 '온실기체' 또는 '온난화 기체'라고 부릅니다. 마치 온실의 유리 벽과 같은 작용을 한다는 의미이지요. 이 기체들의 농도가 높아진 것은 인간의 활동 때문입니다. 산업혁명이 시작된 이후 석탄과 석유를 마구 태우기 시작하면서 많은 양의 이산화탄소, 메탄 그리고 아산화질소 등의 온난화 기체가 배출되었습니다. 도시를 만들거나 농사를 짓기 위해 나무를 태우거나 잔뜩 베어내 엄청난 면적의 숲을 없앤 것도 한몫했습니다. 기후변화 현상은 단순히 기온이 올라가서 날씨가 더워지는 것뿐 아니라, 강수량과 강수 형태의 변화도 포함합니다. 이렇게 되면 어떤 지역에서는 홍수가 더 자주 나는 반면 다른 곳은 가뭄이 심해질 수 있습니다. 또 육상의 빙하가 녹아서 바다로 들어가고, 바닷물도 온도가 오르면서 부피가 팽창해 바닷물의 수위가 점차 올라가는 일이 벌어집니다. 결국 해안가 지역이 바닷물에 잠기게 되지요. 이렇게 기후변화가 일어나면 여러 가지 피해가 나타납니다. 당장 가뭄과 홍수, 잦은 태풍으로 농사를 망치기 쉽고, 여름철 폭염에 노약자의 사망률이 높아질 수도 있습니다. 지역에 따라서 전염병이 창궐하는 등 여러 가지 보건상의 문제점도 나타나게 됩니다. 홍수나 폭우로 인해서 농사를 망칠 수도 있고, 도로나 교량이 위험해지는 것은 말할 것도 없고요.

　　　이런 심각한 문제 때문에 과학자들과 정부는 해결책을 내놓으려 애써왔습니다. 주로 기후변화의 원인이 무엇이고, 원인이 되는 온난화 기체의 배출을 어떻게 줄일 수 있는지에 대한 연구가 많았습니다. 그렇지만 아무리 발생을 줄이려고 노력해도 지난 10여 년간 이산화탄소 배출량은 더 빠른 속도로 증가하고 있습니다. 경제 발전 때문에 각 국가가 이산화탄소 배출량을 줄이는 정책을 도입하기 쉽지 않기 때문입니다. 이 문제를 근본적으로 해결하려면 온난화 기체 발생을 줄여야 할 뿐 아니라, 이미 공기 중에 있는 기체를 없애거나 지구의 온도가 올라가는 것을 막는 방법이 필요합니다.

이 문제를 해결하기 위한 방법 중 하나로 '지구공학(Geoengineering)'이라는 기술이 관심을 끌고 있습니다. 대기 중에 태양 빛을 막을 물질을 뿌리거나 구름을 만들어서 지구에 도달하는 태양에너지를 줄여보거나, 인공적으로 육상이나 해양에 식물이나 플랑크톤의 성장을 증대시켜서 이산화탄소를 흡수해 보려는 기술이 대표적입니다. 여기에는 아주 심각한 윤리적 딜레마가 숨어 있습니다. 만약 기술이 발달한 한 나라가 자기 나라의 가뭄을 해결하려고 일부러 비를 만들어 내리게 하면 어떻게 될까요? 이웃한 가난한 나라는 오히려 더 심한 가뭄에 시달릴 수도 있습니다. 혹은 적대적인 이웃 나라에 일부러 구름을 많이 만들어 일사량을 줄여 농업을 망치게 만들 수도 있습니다.

이런 정치, 군사적인 목적이 아니더라도 지구공학 기술 자체가 큰 부작용과 문제점을 가지고 있습니다. 예를 들어 해양에 식물성 플랑크톤이 과다하게 자라면 일시적으로는 이산화탄소를 흡수할 수 있습니다. 하지만 플랑크톤이 죽어서 바닷속에서 썩게 되면 적조 현상이 일어나는 등 해양 생태계에 큰 피해를 줄 수도 있습니다. 또 공기 중에 황 에어로졸을 뿌리면 당장은 햇빛을 줄일 수 있지만, 황이 비에 녹으면 '산성비'를 만들어 또 다른 환경 문제를 일으킵니다. 결국 지구공학 기술을 개발하는 것도 중요하지만, 이를 어떻게 잘 사용하는지에 대한 윤리적 문제도 심각하게 고민해야만 합니다.

기후정의란?

기후와 관련된 윤리적 문제 중 '기후정의 (Climate Justice)'라는 주제가 있습니다. 예를 들어 기후변화의 원인이 되는 온난화 기체를 실제로 많이 배출하는 건 선진국인데, 기후변화로 인해 피해를 가장 먼저 보는 국가는 개발도상국인 경우가 많습니다. 실제 나쁜 일을 한 사람과 벌 받는 사람이 다르니 정의롭지 못한 일이죠. 한 나라 안에서도 이런 문제가 생길 수 있습니다. 이산화탄소를 많이 배출한 대기업은 큰돈을 벌지만, 이 때문에 여름철 기온이 많이 올라가면 많은 사람들이 더위 때문에 피해를 봅니다.

이런 이유로 국가가 기후변화에 제대로 대응하지 못하고 있다고 개인이 국가를 고소한 경우가 있습니다. 스웨덴의 10대 소녀 그레타 툰베리(Greta Thunberg)가 등교를 거부하고 국회 앞에서 기후변화 문제를 해결하지 못하는 정부를 대상으로 시위를 시작했습니다. 이 시위는 전 세계적으로 큰 반향을 일으키며 2019년 5월 말에는 세계 125개국에서 기후변화 문제를 해결하라는 시위에 많은 학생들이 참여했습니다. 우리나라에서도 2022년 9월에 '기후 정의 행진' 행사가 열렸는데 기후변화와 관련되어 진행된 역대 시위 중 가장 많은 수의 사람들이 참여했습니다. 이렇게 많은 사람이 기후변화에 관심을 나타내기 시작했지만, 개인적으로 이런 문제를 해결하는 것은 참 어렵습니다. 제 방이 더워지면 저는 당장 에어컨을 켜겠지만 건물 밖의 실외기에서는 더 뜨거운 바람이 나와서 주변을 데우겠지요. 또 에어컨을 돌리기 위한 전기를 만들기 위해 어디선가 더 많은 석탄과 석유를 태우면서 이산화탄소를 배출해야만 합니다. 그렇다고 에어컨을 켜지 않고 이 더위를 이겨낼 방법이 있을까요?

앞서 반복해서 말했듯 기술의 발전만으로 모든 문제를 해결할 수 없습니다. 근본적으로는 지구상에서 존재하는 우리 인간의 위치와 책무가 무엇인지를 다시금 생각해봐야 합니다. 우선 우리가 지금 하는 행동이 미래 세대에게 해악을 끼치지 말아야 한다고 모든 사람이 인식하고 있어야 합니다. 기술을 생각하는 건 그 다음 문제입니다. 우리가 개발하는 기술들이 모든 사람에게 골고루 혜택이 돌아갈 방안을 찾아야 합니다. 예를 들어, 2015년 UN이 70차 총회에서 결의한 의제인 '지속가능발전목표(SDGs: Sustainable Development Goals)'가 대표적인 노력이라 할 수 있습니다. SDGs는 인류 공동의 목표 17개를 제시하였는데, '단 한 사람도 소외되지 않는 것(Leave no one behind)'이라는 슬로건이 보여주듯 먹는 것에서 시작해서 생태계의 보존과 인권에 이르기까지 다양한 목표를 제시하였고, 특히 개발도상국을 포함한 모든 국가의 조화로운 발전을 목적으로 하고 있습니다. 또 최근에는 대기업의 경영 목표와 관련해서 단순히 수익의 극대화뿐만 아니라, 비재무적인 요소인 환경(Environment), 사회(Social), 지배구조(Governance)를 고려한 경영을 통해 지속 가능한 발전을 추구한다는 'ESG' 경영이 큰 화두로 자리 잡고 있습니다. 과연 인류 전체 혹은 대기업들이 자신의 편리와 이익의 감소를 감수하면서 기후변화를 막아내기 위해서 얼마나 노력할지는 두고 봐야 합니다만, 이 과정에 걸쳐 과학자, 시민단체, 정치인, 그리고 개개인들의 노력이 어느 때보다 중요한 시점이라 생각됩니다.

더 살펴볼 과학자

알도 레오폴드
Aldo Leopold

1887에 태어나 1948년에 사망한 미국의 저술가, 철학자이자 자연주의자.
예일(Yale) 대학을 졸업 후 위스콘신 대학 교수로 재직하였고,『모래 군의
열두 달 (A Sand County Almanac)』이라는 에세이집으로 큰 명성을 얻었다.
그는 '대지 윤리(Land ethics)'의 주창자로 자연을 보호하고 관리해야 할 인간의
역할에 대해 강조했으며 환경 윤리 발전에 크게 영향을 미쳤다. 이런 사고에
근거한 '야생동물관리(Wildlife management)'라는 새로운 생태학적 연구 분야의
창시자로도 알려져 있다.

토론할 거리

1

일본 후쿠시마 원전 사고에도 불구하고 우리나라에서는
에너지 문제 해결을 위해 원자력을 대안으로 제시하고
있습니다. 또, 에너지 사용량이 급증하고 있고 화석연료의
고갈이 예상되는 시점에서 신재생에너지의 확대로 해결할 수
있는 부분은 제한적이라는 주장도 있습니다. 원자력 에너지
생산의 확대를 주제로 이에 대한 찬성과 반대 주장의 근거들을
정리해 보고, 이에 대한 자신의 주장을 정리해 봅시다.

2

제주도의 강정마을에 새로운 해군기지를 건설하는 문제가
큰 사회적 이슈로 떠오른 적이 있습니다. 국가 안보의 측면에서
군사 기지를 만드는 것이 꼭 필요하다는 주장과 기지 건설은
심각한 환경생태 파괴로 이어질 것이라는 주장이 팽팽히
맞서며 격렬한 물리적인 충돌까지 있었습니다. 이런 논쟁의
해결을 위해서는 사회적으로 어떠한 절차와 방안을 마련해야
할지 논의해 봅시다.

과학, 그게 최선입니까? –
윤리가 과학에 묻는 질문들

3

환경 보존을 위해서는 커피전문점에서 일회용 컵 대신
머그잔을 사용해야 한다는 주장이 있습니다. 그러나 일부
학자들은 머그잔의 사용이 오히려 환경친화적이지 못하다고
주장합니다. 일회용 컵과 머그잔이 환경에 미치는 피해를 각각
정리해 보고, 어느 것을 사용하는 것이 더 환경친화적일지
자료를 바탕으로 과학적으로 평가해 봅시다.

과학은 인류에게
밝은 미래를
가져다 줄까요?

11

인류세 (Anthropocene) 논쟁과
인간의 역할

인류가 지구의 환경을 크게 변화시키고, 많은 자원을 사용하고 있다는 점에는 모두가 동의할 것입니다. 하지만 그래봐야 부처님 손바닥 안이라고, 인간이 지금 벌이고 있는 일들은 지구의 긴 시간, 지질학적 시기에 비하면 아무것도 아니라고 주장하는 사람들도 있습니다. 이 문제와 관련해서, 인간의 활동으로 인해 일어나는 지구상의 변화가 하나의 지질학적 시기로 구분해야 할 정도로 크다는 주장들도 최근에 나오고 있습니다. 우리 역사에서 고조선시대, 삼한시대, 삼국시대, 고려시대, 조선시대와 같이 시대를 구분하듯, 지구도 탄생했을 때부터 지금까지 여러 가지 이름으로 시대를 구분합니다. 현재 우리가 살고 있는 지질학적 시기는 '신생대 제4기 충적세'입니다. 지질학적으로 시대를 구분하는 기준은 땅속에 나타나는 지층 암석의 큰 차이나 화석들의 변화입니다. 그런데, 최근 들어서 충적세와 구분되는 새로운 지질 시대를 정해야 한다는 주장이 나오고 있습니다. 특히 이 시대의 이름을 '인류세(Anthropocene)'라고 해야 한다고들 합니다. 인간이 암석을 변화시킨 것도 아니고 새로운 화석을 만든 것도 아닌데 왜 이런 주장이 나올까요?

인류세의
정의와 내용

인류세라는 용어는 대기 중에 있는 오존층이 파괴되는 것을 처음 발견한 공로로 노벨 화학상을 수상했던 파울 크뤼천(Paul Crutzen) 교수를 통해 널리 알려지게 되었습니다. 크뤼천 교수를 비롯해 인류세라는 새로운 지질 시대 구분이 필요하다고 주장하는 사람들은 인간의 활동으로 인해 퇴적층에 뚜렷한 변화가 생겼고, 생물종이 멸종되어 화석들도 큰 변화가 있으며, 이전에는 없던 새로운 물질들이 나타나고, 또 기후변화와 같은 큰 변화도 생겼다는 것을 그 근거로 들고 있습니다. 즉 오늘날 인간이 자연에 미치는 영향이 너무 방대해서 아주 많은 시간이 흐르고 난 다음에도 인간의 흔적을 지층이나 지구의 화학적 구성에서 찾을 수 있을 정도라는 것이지요.

　　　그렇다면, 새로운 지질 시대 구분까지 해야 할 정도의 인간 활동이란 도대체 뭘까요? 첫 번째로 들 수 있는 것이 12,000년 전부터 인간이 농사를 짓기 시작한 '농업혁명'입니다. 인간이 농사를 짓기 시작하면서 지구에 큰 변화가 나타나게 되었습니다. 숲이 파괴되고 땅에 저장되어 있던 탄소들이 방출되었고, 또 많은 수의 동물들이 사냥이나 서식지 파괴로 멸종되었습니다. 이뿐만 아니라 농업을 시작하고 문명이 발달하면서 지구 환경에도 큰 변화가 나타나게 되었죠. 두 번째 큰 변화는 1945년 무렵부터 시작된 핵폭탄 실험입니다. 이 결과로 대기 중에 방사능의 농도가 높아졌고, 이것이 식물이나 흙 속에 쌓이면서 결국에는 지층에도 그 흔적이 남게 되었습니다.

　　　이 외에 2차 세계대전 이후를 하나의 분기점으로 보자고 주장하는 사람도 많습니다. 이 시기 이후를 '거대 가속(Great acceleration)'이라고 하는데 다른 말로 표현하자면 '인류의 폭주 시기'라고도 할 수 있습니다. 세계 2차 대전을 전후로 인간의 활동은 급격한 변화를 맞았습니다. 예를 들어, 20억 명 남짓하던 인구는 이 시기를 기점으로 급격히 빠른 속도로 증가해서 현재는 70억 명을 돌파하고 80억 명을 향해 가고 있습니다. 당연히 경제도 가파르게 성장해서 GDP나 에너지 소비도 엄청난 속도로 변화했습니다. 또 이전에는 인간의 교류는 가까운 지역에서 일어날 뿐이었지만, 수출, 수입이나 외국 자본의 투자와 같은 국제적인 경제활동이 본격적으로 이루어졌습니다. 이런 변화 덕에 우리는 수명이 늘고, 더 윤택한 삶을 살 수 있게 되었을지 모르지만 지구 환경은 큰 재앙을 맞은 것이나 다름없습니다. 인류는 자신들만을 위해서 물, 토양, 대기를 마음대로 사용하고 또 오염시키고 있습니다. 또 목재, 수산자원을 독점하여 사용함으로써 생태계의 자연적인 회복 능력을 넘어서는 파괴를 주도하고 있습니다.

인류세 개념에 대한
비판

인류세가 언론과 대중의 관심을 끄는 용어이긴 하지만 정작 지질학자들은 이 용어에 대해 냉소적입니다. 만일 인류세가 지질학적인 새로운 시대 구분이 되려면 실제로 지층이나 퇴적물에서 뚜렷한 흔적이 나타나고 이것을 한 지역이 아닌 세계 곳곳에서 발견할 수 있어야 하기 때문입니다. 실제로 지질학적 시대를 구분하는 국제적인 결정은 '국제 층서위원회(International Commission on Stratigraphy)'에서 이루어지는데 아직까지 인류세를 공식적으로 인정하지 않았습니다.

또, 인류세 용어에 대한 비판은 인문학자나 사회과학자에게서도 나오고 있습니다. 지질 시대에 '인류'라는 단어를 넣는 것 그 자체가 인간 중심의 세계관을 잘 보여주는데, 이런 인간 중심의 관점이 바로 환경 파괴의 핵심 원인이라는 말입니다. 또 어떤 사람들은 인류 중 일부 국가나 경제체제 혹은 기업들이 환경 파괴의 주범인데도 불구하고, 이런 자연 파괴로 인해서 얻어지는 경제적 이득과 관련 없는 다수의 사람에게도 공동의 책임을 묻는 것은 비윤리적이라 비판합니다. 같은 맥락에서 이렇게 거대한 환경 문제가 발생한 것은 지난 몇백 년 동안 일어난 사회 구조의 변화, 예를 들면 자본주의나 대규모 에너지 소비에 의한 것이므로 '인류'라는 용어보다는 사회구조적 용어, 예를 들면 '자본세'와 같이 경제체제를 의미하는 용어가 적절하다고까지 주장합니다.

이런 비판에도 불구하고, 인류세라는 용어는 언론과 대중을 통해 널리 퍼져나가고 있습니다. 또 일군의 과학자들은 인류세를 단지 구호가 아닌 실제 과학적 사실로 인정받도록 퇴적물의 지층을 발굴해내고 그 속에서 대표적이면서 뚜렷한 인간의 흔적을 찾는 연구도 수행하고 있습니다(Waters et al., 2018). 예를 들면, 아주 오래된 지층이 아니더라도 백 년 이상 쌓인 쓰레기 매립장이나 수천 년의 퇴적물이 쌓인 호수 바닥의 토양을 분석하는 방법 등을 통해서 인간의 영향이 드러나는 지질학적 흔적을 찾으려는 연구가 진행되고 있습니다. 인류세가 지질학자들 사이에서 진정한 지질학적 시대로 인정받을지 아닐지는 더 두고 봐야 하겠지만, 지구 전체에 미치는 인간의 영향력이 뚜렷하게 나타나고 있다는 사실은 더욱 명확해져만 가고 있습니다. 그리고 이런 과학적 발견은 인간이 환경 파괴의 주범인 동시에 이 문제를 해결해야 할 주체라는 의미를 포함하고 있습니다.

과학, 그게 최선입니까? –
윤리가 과학에 묻는 질문들

환경문제의
새로운 해결 방법

인간은 과연 지구의 철없는 파괴자일까요, 아니면 다른 생물들과 마찬가지로 자기 종의 안위와 번성을 위해 노력하고 있는 하나의 종에 지나지 않을까요? 지구상에서 인간의 위치와 책무에 대해서 고민해야 할 이유가 여기 있습니다. 인류세 논쟁에서 보듯 인간들은 새로운 지질학적 시대를 만들어낼 만큼 큰 문제를 일으키기도 하지만 문제를 해결할 능력도 가끔 보여주곤 했습니다.

대표적인 것이 오존층 파괴 문제입니다. 지표면으로부터 20~40km 정도 위로 올라가면 성층권 내에 오존이 높은 농도로 존재하고 있습니다. 이 오존은 대기로부터 들어오는 강한 자외선을 흡수해서 지구 표면에 사는 생물들을 보호하고 있습니다. 마치 우리가 자외선 차단제를 발라서 피부 노화를 막는 것과 같은 역할인 셈이지요. 그런데 1970년대부터 오존층이 염화불화탄소(CFC; Chlorofluorocarbon)라는 물질에 의해서 파괴되고 그 농도가 줄어들고 있다는 과학자들의 보고가 나오기 시작했습니다. CFC는 흔히 프레온 가스라고 불리는 물질로 냉장고의 냉매나 머리에 바르는 무스와 같은 물질의 발포제로 널리 사용되고 있었습니다. 그리고 1980년대가 되자 남극 지방의 오존 농도가 급속히 감소해서 오존 구멍이 생길 정도의 심각한 문제가 대두되었습니다. 강력한 자외선은 생물체의 DNA를 파괴하거나 변이를 일으킬 수 있기 때문에, 이제 사람들의 피부암이 증가하고 수많은 생물체의 돌연변이가 나타날 것이라는 비관적인 관측들이 나오기 시작했죠. 그런데

이 환경문제는 상당히 빠른 속도로 해결되기 시작했습니다. 일단 선진국에서 CFC 가스의 생산과 사용을 금지하기 시작했고, 1984년 유엔에서는 CFC를 규제하는 '몬트리올 의정서'를 채택해 이 문제 해결에 전 세계가 동참하게 된 것이죠. 이런 노력을 통해 오존층 농도는 상당히 회복되었고, 우리가 직면하고 있는 주요한 환경문제 목록에서 뒤로 밀려나는 좋은 결과를 얻었습니다.

오존층 파괴 문제를 둘러싼 국제 사회의 협조 과정은 인간이 문제를 일으키기도 하지만 이를 해결할 주체라는 것을 잘 보여주었습니다. 반면, 이와는 전혀 다른 방식으로 환경문제를 해결한 예도 있습니다. 바로 미국에서의 산성비 문제입니다. 석탄과 같은 화석연료를 태우면 여기에 포함되어 있던 황 성분이 공기 중으로 날아가고 구름에 녹아들어 황산과 같은 산성 물질을 만들게 됩니다. 이것이 비에 섞여 내리면 비의 pH가 5.8 이하인 산성비가 내리게 되는데, 산성비는 자연생태계에 해로운 영향을 미칠 뿐 아니라 오래된 석조건축물이나 조각품을 녹이기도 합니다. 산성비 문제를 해결하려면 공장에서 황 물질을 배출하지 못하도록 규제하는 방법이 있는데 미국에서는 이 규제가 별 효과를 보지 못했습니다. 각 산업체의 경제적 부담이 너무 컸을 뿐 아니라 수많은 공장을 감독하고 처벌하는 것이 쉬운 일이 아니었기 때문입니다.

대신 미국에서는 '배출거래제'라고 하는 흥미로운 방법을 도입했습니다. 매년 미국 내에서 배출해도 되는 황 물질의 양을 정하고 배출할 권리를 시장에서 사고 팔 수 있게 한 것입니다. 주가가 오르고 내리는 것처럼 황을 배출할 권리도 수요와 공급에 따라 거래 시장에서 가격이 변동되며 거래가 됩니다. 환경운동 단체에서는 대기를 오염시킬 권리를, 즉 나쁜 일 할 면죄부를 사고판다고 비난했지만, 결과적으로 이 방법은 효과가 있었습니다. 각 기업이 배출권을 아껴 쓰기 위해 새로운 기술을 도입하고, 정유회사들은 황을 제거하는 새로운 공정을 만들기 시작했습니다. 석탄을 사용하는 경우에도 마찬가지였고요. 돈 문제가 걸리니 각 기업이 대기 오염물을 줄이기 위한 새로운 기술을 개발해 배출되는 오염물 양이 급격히 감소하기 시작했고, 결국에는 정부가 목표로 한 황 배출량을 달성할 수 있게 되었습니다. 현재에는 미국에서도, 유럽에서도 산성비 문제가 더 이상 큰 환경문제로 간주하지 않습니다.

하지만 모든 환경문제가 이렇게 쉽게 풀리는 것은 아닙니다. 현재 우리가 직면한 기후변화 문제가 대표적입니다. 몬트리올 의정서와 같은 '교토 의정서'나 '파리 협약' 등의 국제 협약들이 몇 개 만들어졌지만 제대로 효과를 발휘하고 있지 못하는 상황입니다. 산성비 문제를 해결한 방법처럼 '탄소배출권 거래제도'를 도입하려고 했지만, 유럽, 일본이나 우리나라와 같은 선진국에서도 잘 정착되지 않고 있습니다. 오존을 파괴하는 CFC의 경우 대체 물질이 금방 만들어져서 이를 생산하는 국가들도 경제적인 이익을 봤고, 이를 수입해야 하는 나라들도 쉽게 몬트리올 의정서의 규정을 지킬 수 있었습니다. 또 석유 석탄의 경우 황을 제거하는 기술 개발이 상대적으로 쉬웠기 때문에 배출권을 아끼는 것이 그리 어렵지 않았습니다. 그렇지만 석유, 석탄, 천연가스와 같은 화석연료를 대체할 물질은 아직 나오지 않았고, 이들을 태울 때 나오는 이산화탄소를 효과적으로 제거하는 기술도 아직 걸음마 단계일 뿐입니다. 탄소배출권 거래제도가 쉽게 자리 잡지 못하는 이유입니다. 만일 이렇게 기후변화가 지속된다면 인간은 정말로 지질학적인 기록이 남을 정도의 큰 변화를 일으키는 셈이 될 것이고, '인류세'라는 말이 단순한 정치적 구호가 아니라 미래 세대의 지질학 교과서에 실릴 과학적 용어가 될지도 모를 일입니다. 과연 우리가 과거에 어려운 문제를 해결했듯이 지금 당면한 환경 문제들을 또다시 슬기롭게 헤쳐 나갈 수 있을까요?

파울 크뤼천

Paul Jozef Crutzen

1933년에 태어나 2021년에 사망한 네덜란드 출신의 화학자로, 대기 중 오존층 소멸에 대한 화학적 연구로 1995년 노벨 화학상을 수상했다. 특히 인간 활동으로 배출이 증가한 아산화질소(N_2O)가 성층권에서 일산화질소(NO)로 변화하고 이것이 오존을 없애는 역할을 한다는 주장을 편 것으로 유명하다. 스톡홀름 대학 졸업생으로 현재는 미국 NOAA, 독일의 막스플랑크 연구소 등의 소속으로 활동했다. 인간이 환경에 미치는 영향에 대한 연구에 천착하여, '인류세(Anthropocene)'라는 용어를 대중에 널리 알린 것으로도 유명하다.

토론할 거리

1

인간이라는 종도 진화의 산물이며, 자신의 종이 번성하기
위해서 경쟁할 권리가 있다고 주장하는 사람들도 있습니다.
따라서 다른 종의 희생을 통해서라도 인류의 번성을 추구하는
것은 자연스러운 현상이라고 생각합니다. 이에 대한 당신의
생각은 어떠하며 이러한 생각의 윤리적 문제는 무엇이라고
생각합니까?

2

농업 생산성을 높이기 위해 농경지에서 뿌린 많은 양의
질소가 멀리 떨어져 있는 연안에 적조를 일으켜 양식업에
큰 피해를 주기도 합니다. 누가 어떠한 방식으로 이 문제를
해결할 수 있으며, 정부, 지자체, 과학자, 농부, 어부 등이 각각
어떤 역할을 담당할 수 있을지 생각해봅시다.

과학, 그게 최선입니까? -
윤리가 과학에 묻는 질문들

12

유전자 조작과
생명과학의 윤리

2018년 중국의 남방과기대의 허젠쿠이라는 교수가 세상을 깜짝 놀라게 한 발표를 했습니다. 흔히 '유전자 가위'라고 불리는 크리스퍼(CRISPR) 기술을 이용해서 유전자를 조작한 아이를 세계 최초로 태어나게 했다는 거였죠. 본인은 자랑스럽게 이 사실을 언론에 퍼뜨렸지만, 많은 과학자와 관계자들은 이 일이 매우 비윤리적이고 위험한 일이라고 비판했습니다.

크리스퍼 기술의
등장과 발전

크리스퍼 기술은 요즘 생물학에서 가장 왕성한 연구가 진행되고 있는 분야 중 하나입니다. '유전자 가위'라고도 불리는 크리스퍼 기술은 특정 효소가 DNA에 작용하여 그 구성을 바꾸는 것이 핵심인데요, 버클리 대학의 다우드나(Doudna) 교수와 독일 하노버대학의 샤르팡티에(Charpentie) 교수 연구팀이 'Cas9'이라는 단백질을 발견함에 따라 본격적인 개발이 시작됐습니다(Jinek et al., 2012). 유전자는 4가지 정도 다른 염기가 서로 다른 순서로 뒤섞여서 만들어집니다. 비유하자면 4자리 숫자가 조합된 집 주소라고 생각하면 됩니다. 크리스퍼는 유전자를 쭉 훑어 다니다가 미리 설계되어 입력된 유전자를 만나면 거기에 딱 붙습니다. 그러면 같이 붙어 있던 카스(Cas)라는 효소가 그 유전자 부분을 잘라버리는 거죠. 유전자를 자르고 붙이는 기술 자체는 오래전에 개발되어 이미 의학, 농학, 약학 등 여러 분야에 활용되고 있습니다. 그런데도 크리스퍼 기술이 새롭게 주목받는 이유는 크리스퍼를 이용하면 지정된 특정한 유전자를 정확히 찾아서 그 부분만 조작할 수 있기 때문입니다. 기존의 기술이 동네 모든 집에 광고물을 넣는 것이라고 하면, 크리스퍼 기술은 따로 정한 집에만 정확하게 배달되는 것으로 생각하면 됩니다.

그렇다면 이 새로운 기술은 어디에 활용될까요? 크리스퍼 기술을 이용하면 우리가 가지고 유전적 질병의 문제를 해결할 수 있습니다. 예를 들어, 유전자 하나에 문제가 있어 생기는 질병은 약으로 근본적인 치료가 불가능합니다. 그렇지만 그 유전자를 아예 잘라버리면 가능하죠. 물론 우리 각자 몸속에는 세포가 32조 개나 되니, 당장 모든 유전병을 고치는 게 쉬운 일은 아니겠죠. 대신 아직 태어나지 않은 엄마 몸속의 아기에게는 가능합니다. 특히 정자와 난자가 만나서 수정이 이루어진 후 태아가 되기 전에 '배아'라고 부르는 초기 단계에는 세포 수가 얼마 안 되니 크리스퍼 기술로 유전자를 수정하면 모든 세포 속에 의도한 특정 유전자를 가진 사람을 만들 수도 있습니다.

과학자들은 크리스퍼 기술을 배아에 적용해 보고자 하는 욕심을 가지고 있습니다만, 이것은 매우 심각한 윤리적 문제를 가지고 있습니다. 아직 크리스퍼 기술의 안정성이 검증되지 않은 상황에서 배아에게 이런 위험한 기술을 적용했다가 오히려 배아가 죽거나 유전적 장애를 가지고 태어날 수도 있습니다. 또 이 기술을 우리가 원하는 대로 자유자재로 이용하는 데 성공한다면 미래에는 아이가 태어나기 전에 유전자를 조작해서 원하는 종류의 인간을 만들어 버릴 수도 있겠죠. 마치 지금 성형 수술이 아무것도 아닌 것처럼, 크리스퍼 기술을 마음대로 사용하게 된다면, 부모가 비싼 돈을 주고 맞춤형 자녀를 만들게 될지도 모를 일입니다.

생물학 연구의
위험성

크리스퍼 기술 외에도 생물학과 관련된 여러 가지 연구들이 윤리적 논란을 내포하고 있습니다. 대표적인 것이 유전자조작식품이라 불리는 것들입니다. 우리가 먹고 있는 콩이나 밀 중에서 자연에 있는 종자를 그대로 사용한 경우는 거의 없습니다. 대부분 가뭄이나 해충에 잘 견디고 알곡도 크게 열리는 종자들을 개량한 것입니다. 농약을 뿌려도 죽지 않는 품종들도 있습니다. 이들 중 상당수는 식물 세포 내에 새로운 유전자를 집어넣어서 만드는 경우가 많습니다. 덕분에 더 많은 곡식을 싼값에 생산할 수 있죠. 그렇지만, 이러한 기술이 위험하다고 생각하는 사람들도 많습니다. 예를 들어, 자연계에서 이 식물들이 다른 식물들과 유전자를 주고받다 보면 야생의 다양한 식물에까지 이 유전자가 전달될 수도 있지 않을까 걱정하는 사람들도 있습니다. 또 사람이 유전자조작식품을 먹었을 때 건강에 미치는 영향에 대한 걱정도 있습니다. 하지만 현재까지 보고된 과학적 연구 결과들을 보면 유전자조작식품이 인간이나 자연에 미치는 피해는 미미합니다. 한때 유전자조작식품을 먹으면 몸에 알레르기가 생긴다는 논문이 큰 파장을 일으킨 적이 있는데, 후에 잘못된 연구 결과라는 것이 밝혀지기도 했습니다.

물론 현재 문제가 없다고 해서 완전하게 안전하다고 할 수는 없습니다. 제가 오래전 영국에서 유학할 때 있었던 일입니다. 당시는 정체를 몰랐지만, 나중에 광우병으로 알려진 병이 처음 언론에 보도되고 사람들이 쇠고기의 안전성에 대해 걱정하기 시작했습니다. 영국 정부는 아무런 과학적 근거도 없음을 강조하면서 쇠고기를 먹어도 안전하다고 대대적으로 광고했습니다. 우리나라와 비슷하게 농림부 장관이 방송에 나와 햄버거를 먹는 쇼도 했습니다. 광우병은 영국에서는 1980년대에 이미 알려져 있었습니다. 그 원인은 소에게 먹이는 사료를 아끼려고 양고기 처리 과정에서 나온 폐기물로 만든 사료를 먹인 데서 비롯되었습니다.

　　처음에는 원인도 모르다가 나중에 '프리온'이라는 단백질에 의해 뇌세포 손상이 일어난다는 것을 알게 되고 양고기가 섞인 사료를 먹이는 것을 중단했지만 이미 이 질병이 소들 사이에서는 관리할 수 없을 정도로 널리 퍼졌습니다. 하지만 소들 사이에서만 감염되고 사람에게는 문제가 없다는 것이 당시의 과학적, 정치적 판단이었습니다. 그런데 광우병에 감염된 쇠고기를 먹으면 사람도 감염이 되어 '변종 크로이츠펠트-야코프병 (vCJD)'에 걸린다는 것을 희생자가 나타나서야 알게 되었습니다. 희생도 희생이지만 농부와 소비자 모두가 혼란에 빠졌습니다. 이 질병은 미국에서도 일부 퍼졌는데, 이로 인해 우리나라가 미국산 쇠고기 수입을 추진하는 과정에서 사회정치적으로 반대하는 움직임이 크게 일어나기도 했습니다. 영국의 광우병 사태는 생명 현상 특히 우리의 건강을 연구하고 과학적인 결론을 내릴 때는 많은 변수를 최대한 신중하게 판단해야 한다는 것을 잘 보여주는 예입니다.

　　인류가 지구상에 등장한 이후로 이렇게 오래, 건강하고 풍족하게 살아 본 적은 없습니다. 모두 과학의 발전 덕분이죠.

이 발전에는 수많은 유전자 조작과 생물의 희생이 있었습니다. 앞으로도 과학 발전을 위해 계속 이런 윤리적 문제를 무시해도 될까요? 처음에 말씀드렸던 중국 과학자의 경우 다소 황당한 결말을 맞았습니다. 세상을 놀라게 한 연구로 자신이 소속되어 있던 대학에서 상을 받을 줄 알았는데, 비윤리적인 연구를 몰래 했다고 칭찬은커녕, 조사를 받게 되었습니다. 서구에 비해 연구 윤리 의식이 느슨한 중국에서조차 윤리적으로 심각한 문제가 있다고 판단한 모양입니다. 하지만 앞으로도 이런 문제는 계속 등장할 것입니다. 낙태 문제가 미국은 물론 우리나라에서도 여전히 첨예한 논란의 주제라는 점도 그러하고, 특히 이런 문제에 대한 정치적, 법적인 대응이 어떤 정권이 들어서냐에 따라 계속 바뀌는 것이 이 문제의 애매한 부분을 잘 말해주고 있습니다. 인간을 대상으로 한 생명과학 연구는 물론 과연 어느 시점부터 생명이라고 정의할 것인지에 대한 법적, 종교적 논란에 대해서 과학이 과연 명확한 판단 준거를 제공할 수 있을 것인지, 동시에 사회가 과학자들의 제언을 받아들일 수 있을 것인지에 대한 논쟁은 당분간 계속될 것 같습니다.

더 살펴볼 과학자

제니퍼 다우드나

Jennifer Anne Doudna

1964년에 태어난 미국의 생화학자로 하버드 의대에서 박사학위를 마친 후 현재 UC Berkeley 교수로 재직 중이다. 이전에 알려져 있던 '회문구조 반복서열(CRISPR; Clustered Regularly Interspaced Short Palindromic Repeats)'에 미생물의 면역 기능을 담당하는 'Cas9'이라는 단백질을 붙여서 유전자의 특정한 부분을 선택적으로 잘라낼 수 있는 기술을 제안했다. 이 공로로 2020년 노벨 화학상을 수상했다.

토론할 거리

1

만일 성형 수술 대신에, 아예 배아기 때 유전자를 조작해서
후손의 모습을 바꿀 수 있다면 그렇게 하시겠습니까?
만일 이런 시술이 전면적으로 허용된다면 어떤 윤리적 문제가
발생할 수 있을까요?

2

의학 기술이 발전했지만, 아직도 인공장기를 만드는 기술은
많이 부족한 것이 현실입니다. 대신 타인의 장기를 기증받아서
이식하는 수술은 많이 이루어지고 있습니다. 장기를 사고파는
행위는 명백히 금지되어 있습니다. 그런데 만일 장기를
기증받은 사람이 장기 기증자의 가족에게 경제적으로 감사의
뜻을 표하려 한다면 이것은 허용되어야 할까요?

13

생명다양성

뜻하지 않았던 인연이 닿아 얼마전부터 집에서 반려견을 키우게 됐습니다. 어린 시절, 집 마당에서 개를 키워본 적은 있지만, '반려견'이라 부를 만큼 개와 생활을 공유하는 것은 처음입니다. 강아지와 놀다 보면 생명의 놀라움을 새삼 깨닫습니다. 먹고 싸고 자는 것과 같은 본능적인 행동뿐 아니라, 가끔은 애정이나 슬픔 같은 감정이 느껴지기 때문이죠. 우리는 인간만이 고귀한 의식을 가지고 있고 윤리의 대상이 된다고 생각하기도 하지만, 반려견을 보면서 다른 동물들에 관해서도 윤리 의식을 가져야 하는 것이 아닌지 고민이 됩니다.

지구상의 생물다양성

지구에는 개처럼 상당한 지적 능력을 가진 동물뿐 아니라, 수많은 생명이 어울려 살고 있습니다. 과연 지구에는 얼마나 많은 종의 생물이 살고 있을까요? 과학자들도 정확히는 모릅니다. 여러 가지 어림 계산하는 방법을 통해서 대략 8백 7십만 종 정도가 있다고 추측할 뿐입니다. 이렇게 엄청난 수의 생물종이 어우러져 있는 것을 '생물다양성(Biodiversity)'이라고 합니다. 그런데 슬픈 일은, 어떤 생물종은 우리가 채 알기도 전에 사라져 버린다는 점입니다. 특히 열대 지방의 깊은 숲속의 나무와 흙에는 엄청난 종류의 벌레들, 즉 무척추동물이 살고 있습니다. 목재를 얻거나 농사를 짓기 위해 이곳의 숲을 베거나 태우면서 이 생물들도 함께 사라져 버립니다. 또 어떤 생물종이 존재하더라도 숫자가 너무 적으면 유전적 다양성이 떨어져서 취약해질 뿐 아니라 작은 충격에도 쉽게 멸종됩니다.

생물다양성은 단순히 많은 종(species) 수를 유지하는 것뿐 아니라, 한 종 안에서도 유전적인 다양성을 유지하고, 또 이 생물들이 사는 서식지도 다양하게 유지해야 한다는 것을 의미합니다. 우리나라의 경우 반려견의 수는 많지만, 실제로 개라는 종의 유전적 다양성은 매우 낮아져 있습니다. 왜냐하면 사람들이 선호하는 외모와 크기의 종 위주로 교배하다 보니 비슷한 유전자만 남게 되기 때문입니다. 이 경우 개라는 생물종은 남아 있지만, 이들의 생물다양성은 많이 파괴된 셈입니다.

생물다양성의 가치

우리가 생물을 보호해서 얻는 이익은 무엇일까요? 사실은 엄청난 경제적 이득이 숨어 있습니다. 예를 들어, 우리가 사용하고 있는 의약품 중 상당수는 식물에서 추출한 천연 물질이나 그것을 조금 변형시킨 물질입니다. 현대 의약품의 10~15% 정도가 식물에서 유래했다는 통계도 있습니다. 우리가 진통제로 많이 먹는 아스피린의 원료인 '살리실릭산'은 처음에 버드나무 껍질에서 추출된 물질에서 발견되었습니다. 또 항생제로 널리 쓰이고 있는 페니실린이나 마이신 등도 흙 속의 미생물에서 추출된 물질입니다. 아무 쓸모도 없고 오히려 해가 된다고 생각하는 생물들도 사실은 생태계에서 많은 역할을 담당하고 있습니다. 사람들이 무서워하는 거미도 그러합니다. 이들이 없다면 지구는 수많은 더 작은 해충들로 가득 찰 것입니다. 뱀도 두려운 생물이지만 이들이 없다면 들판은 수많은 쥐와 작은 동물들로 득실거릴 것이고 이들이 갉아 먹는 양곡의 양도 엄청날 것입니다.

이런 쓸모 때문에, 이전에는 아무도 관심을 가지지 않았던 생물다양성에 대한 소유권도 관심을 끄는 주제가 되었습니다. 예를 들어, 미국 과학자가 아마존 깊은 숲속에서 찾은 식물 뿌리를 미국으로 가지고 가서 여러 가지 과학적 연구를 통해서 의약품을 만들어 낸 경우, 이 약의 소유권은 누구에게 돌아가야 할까요? 최근에는 뿌리 자체를 제공한 원산지 국가에게도 유전자원에 대한 소유권을 인정해주려는 추세이지만, 그리 간단하지 않은 문제입니다. 과학기술이 발달한 선진국의 도움 없이 새로운 약품을 생산하고 안전하게 사용할 수 있도록 여러 가지 실험과 확인 절차를 거치는 것이 쉽지 않기 때문입니다. 약품과 같이 사람에게 필요한 물질을 다양한 생물로부터 얻을 수 있다는 점 외에 생물이 우리에게 직접적으로 영향을 미치기도 합니다. 벌이 꽃들을 날아다니면서 꿀을 따고 다니는데 그 과정에서 다리에 꽃가루를 묻혀서 다른 꽃으로 전달하는 역할을 합니다. 최근에는 생태계에 벌들의 숫자가 줄어서 사람이 꽃가루를 바르는 일도 벌어지고 있습니다. 자연이 공짜로 제공해주던 서비스가 없어지니 결국 더 많은 비용이 들게 되었습니다.

생물다양성을 제대로 유지하지 못하다가 큰 문제가 발생한 경우도 있습니다. 1965년 전에 먹던 바나나는 지금과는 전혀 다른 변종의 바나나였습니다. 그런데 사람들이 이 바나나 맛을 좋아하게 되니, 전 세계 농부들이 다른 종류는 안 키우고 상업성이 높은 품종 하나만 키웠습니다. 그런데 이 바나나에 감염하는 곰팡이가 전 세계적으로 퍼졌습니다. 순식간에 전 세계 농장의 바나나 생산이 줄어들면서 바나나 산업 전체가 몰락했습니다. 곰팡이를 치유하려면 바나나 밭을 다 태워버려야 했기 때문이죠. 그 이후로는 현재 우리가 먹는 캐번디쉬(Cavendish)라는 품종이 전 세계의 유행이 되었습니다. 그런데 또 최근에 새로운 곰팡이 변종이 나타나서 이 품종도 위기에 처해 있습니다. 한 가지 종만 유지하다가 큰 문제가 생긴 거죠. 곰팡이 치료도 쉽지 않거니와 치료한다 해도 또 나타날 수 있는 새로운 곰팡이 변종까지 예방할 수는 없습니다. 만일 바나나 품종을 다양하게 유지하지 않는다면 우리가 간식으로 바나나를 더 먹지 못하게 될 날이 올지도 모르겠습니다.

자연이 주는 혜택 – 생태계 서비스

이렇게 생물다양성이 주는 여러 가지 혜택은 보통 눈에 잘 띄지 않습니다. 그래서 생물다양성을 지켜야 한다는 윤리적 당위에 동의하면서도 실제로 생물다양성을 보존하는 것이 과연 우리에게 어떤 이익을 가져다줄지 알기 쉽지 않습니다. 이런 이유로 그냥 생물다양성을 보존해야 한다는 도덕적 구호를 외치는 것을 넘어 생태계가 인간에게 제공하는 가치를 과학적으로 규명해보자는 노력도 많습니다. 이런 배경에서 '생태계 서비스(Ecosystem services)'라는 개

넘이 나오게 되었습니다(Fisher et al., 2009). 이 말은 자연 생태계가 인간의 복지에 미치는 영향을 의미합니다. 우리가 자연에서 직접 물품을 얻어서 이익을 얻는 경우도 있고, 자연이 주는 간접적인 혜택들도 많이 있습니다. 공기와 물을 깨끗하게 유지하기도 하고, 또 멋진 풍광은 관광지로서 가치를 더해 주기도 합니다.

학자들은 이러한 개념을 정교화해서 생태계 서비스에 4가지 요소가 있다고 정의했습니다. '공급(Provisioning)', '조절(Regulating)', '지원(Supporting)', '문화(Cultural)' 서비스가 바로 그것입니다. 공급 서비스는 자연이 우리에게 직접적으로 여러 가지 재화나 자원을 공급하는 것을 말합니다. 깨끗한 물, 연료나 재료로 사용이 가능한 목재, 먹을 수 있는 어류나 식물 같은 것 말이죠. 조절 서비스는 생태계 덕분에 호수나 강의 수위가 유지되고, 산소 농도나 수질이 유지되고, 온도가 너무 높거나 낮지 않게 유지되는 것 등을 말합니다. 지원 서비스는 생태계 덕분에 식물이 자라고, 지구상에서 영양분이 순환하고, 토양이 만들어지는 등 전체 생물이 살 수 있는 터전을 제공하는 것을 말합니다. 마지막으로 문화 서비스는 생태계가 우리에게 제공하는 정신적 비물질적 효용을 말합니다. 자연과 연관된 종교적, 역사적, 문화적, 교육적 가치들을 말하는 것이죠.

정량화나 이해가 쉬운 다른 생태계 서비스와 달리 비정형화된 문화 서비스는 인간의 윤리적 문제와 깊이 연관되어 있습니다. 인기 드라마 〈이상한 변호사 우영우〉에서 나왔던 '팽나무'를 생각해보면 쉽게 알 수 있습니다. 이 팽나무를 잘라서 목재로 만들어봐야 별 가치가 없겠죠. 하지만 이 나무와 관련해서 마을 사람들이 가지고 있는 감정과 기억이 의미하는 바는 목재 이상의 가치가 있습니다. 이것을 생태 경제학적으로 '내재적 가치(Intrinsic value)'라고 합니다. 즉, 시장에서 거래되는 유형의 가치가 아니라 존재하는 것 자체를 중요하게 생각하는 것을 말합니다. 생물다양성의 많은 부분이 여기에 해당합니다. 예쁘지 않은 들꽃, 흉하게 보이는 곤충, 음식을 상하게 하는 곰팡이들도 모두 존재 가치가 있습니다.

생태계 서비스를 경제적으로 평가하려고 할 때 이 부분이 기술적으로 제일 어렵습니다. 하지만 과학자들은 '조건부가치측정법(CVM; Contingent Valuation Method)'과 같은 방법으로 생물다양성의 내재적 가치를 정량화하고 있습니다. 쉽게 말해 사람들에게 생물다양성을 지키기 위해서 얼마나 지불할 용의가 있는지를 가지고 그것의 가치를 추정해 보려는 방법입니다. 현재 이 방법이 최선이긴 하지만 여전히 한계를 가지고 있습니다. 사실 생물의 내재적 가치는 매우 종교적으로 들리기도 합니다. 실제로 불교에서는 우주에 존재하는 모든 만물이 귀하다고 믿습니다. 다음 생에서 어떤 생물로 다시 태어날지 모르기 때문이죠. 또 기독교에서도 인간의 중요한 책무 중 하나로 하나님이 창조하신 모든 생물을 관리하는 '청지기(Steward)' 역할을 언급합니다. 자연과학은 종교와 전혀 다른 세계관을 가지고 있지만 생물의 내재적 가치를 높이 평가하는 것은 마찬가지입니다. 예를 들어, 생태학에서는 생물종 하나하나가 엄청나게 긴 시간을 겪어온 진화의 산물로써 그 존재 가치가 매우 크다고 믿고 있습니다.

그렇지만 평범한 대중이, 특히 돈벌이에 몰두한 사람들이 이름 없는 들풀이나 흉측하게 생긴 곤충의 가치를 인정한다는 것은 쉬운 일이 아닙니다. 하지만 우리가 교육이나 사회적 훈련을 통해서 다른 사람에 대한 윤리적 의식을 갖게 되듯 생물다양성에 대한 내재적 가치를 이해하고 보호하려는 윤리 의식도 교육과 훈련을 통해서 얻어질 수 있다고 생각합니다. 다시 말해 음악 교육을 전혀 받지 않은 사람에게 클래식 음악은 지루한 소음으로 느껴지고, 미술 교육 경험이 없는 사람에게 현대의 추상화는 낙서처럼 보일지도 모릅니다. 어느 미술 평론가가 말했었죠, 아는 만큼 보인다고. 생물다양성도 마찬가지입니다. 우리가 어려서부터 자연을 보고 느끼고 경험하는 정도가 크면 클수록 자연과 그 속에 깃들어 있는 생물다양성의 존재 가치를 더 잘 이해할 수 있을 것입니다. 생태계 서비스라는 개념은 이런 추상적인 교육과 경험의 영역을 논리적으로 해석하려는 새로운 시도 중 하나입니다.

더 살펴볼 과학자

에드워드 윌슨
Edward Osborne Wilson

1929년에 태어난 미국의 생태학자이자 작가. 알라배마 대학을 졸업하고 하버드 대학에서 박사학위를 받았고, 하버드 대학의 교수를 역임했다. MacArthur 교수와 함께 제안한 '섬지리 생물 이론(Island Biogeography Theory)'은 생태학 분야의 고전적인 이론으로 널리 알려져 있다. 곤충의 사회적 성격에 대한 연구를 토대로 인간을 포함한 동물의 행동을 이해하려는 '사회생물학(Sociobiology)'을 개척하였는데 이 연구는 많은 반향과 동시에 비판을 불러왔다. 이후 인문학이나 사회과학도 자연과학 중심으로 융합해야 한다고 주장한 『통섭 (Consilience)』 등 수많은 과학 저서로 퓰리처상을 포함하여 다수의 수상 기록을 갖고 있다.

과학, 그게 최선입니까? -
윤리가 과학에 묻는 질문들

토론할 거리

1

현대의 생물다양성 파괴가 매우 심각한 문제라고 하지만,
지질학적 시간에 걸쳐서 멸종은 계속 일어났습니다. 그런
이유로 현재 우리가 겪고 있는 생물다양성의 파괴 역시
긴 시간을 두고 보면 큰 문제가 아니라고 생각할 수도
있습니다. 현대의 생물다양성 파괴가 지질학적 시간에 걸친
멸종과 어떻게 다르며, 이를 심각한 문제로 봐야 하는지
논의해 봅시다.

2

생물다양성이 가장 높은 지역인 적도 부근의 많은 국가들이
산림을 개발하여 소득을 올리면서 생물다양성 파괴가
가속화되고 있습니다. 이 문제를 해결하기 위해 전 세계적으로
어떠한 활동이나 노력이 필요하다고 생각합니까? 특히
생물다양성 보존을 위해 열대우림을 보존해야 한다는
선진국의 주장과 경제 개발을 위해 어느 정도의 생물다양성
파괴는 불가피하다는 적도 부근 저개발국가 간의 주장에 대한
여러분의 생각은 어떻습니까?

14

온라인 프라이버시,
온라인 윤리

인간은 함께 모여 집단생활을 하는 동물이지만 동시에 다른 사람과 일정 정도의 거리를 유지하길 원합니다. 심리학에서는 사람들 사이의 거리를 연구하는 'Proxemics'라는 학문 분야가 존재하기도 합니다. 우리가 물리적으로 거리를 두고 싶을 때는 혼자만의 공간에 머물거나 차 유리를 검은색으로 코팅하는 정도로 남과의 거리를 유지할 수 있습니다. 그런데 우리는 물리적 거리뿐 아니라 사회적으로도 점점 복잡한 연결성을 갖게 되었습니다. 인터넷으로 많은 개인 정보가 돌아다니다 보니 남과의 거리를 유지하는 것이 점점 어려워지고 있습니다. 온라인에 개인 정보가 유출되어 사생활이 침해되고, 이를 악용하는 범죄까지 등장하고 있습니다. 이른바 '온라인 프라이버시' 문제입니다. 예를 들어, 누군가가 타인의 카카오톡, 페이스북이나 인스타그램 계정을 해킹해서 개인 정보를 악용해 그 사람인 양 행세한다면 큰일이 날 수 있습니다. 단순히 개인의 사생활이 침해되는 것뿐 아니라, 은행 계좌나 신용카드 정보를 도용한다면 경제적으로도 큰 피해가 날 수 있습니다. 물리적으로 거리를 두는 것으로 충분히 '프라이버시'를 지킬 수 있는 시대는 지나갔고 이제는 온라인에서도 거리를 둘 수 있는지가 새로운 윤리 문제로 등장하게 되었습니다.

빅데이터,
당신이 말하지 않은 것까지
알고 있다

실제로 이름, 나이, 계좌 정보 등 구체적인 신상정보 외에 우리의 무의식적인 행동과 습관이 누군가에게 정보로 활용되기도 합니다. 수년 전 미국의 큰 슈퍼마켓 체인인 '타겟 (Target)'에서 실제로 있었던 일입니다. 어느 날 고등학생 딸을 둔 아버지가 매장을 찾아와 한바탕 휘저어 놓고 간 일이 있습니다. 아버지 눈에는 어리기만 한 고등학생 딸에게 발송된 할인 쿠폰에 아기 기저귀나 아기 옷 물건 광고가 잔뜩 들어있었기 때문이죠. 그 슈퍼의 매니저는 사과했지만, 며칠 후 그 아버지에게서 다시 전화를 받았습니다. 이번에는 아버지가 매니저에게 사과했습니다. 실제로 그 딸이 임신을 했고, 출산일이 다가오고 있었던 것입니다. 아버지도 몰랐던 이 비밀스러운 일을 슈퍼마켓은 어떻게, 그리고 왜 알아냈던 것일까요?

사실 이 배경에는 더 많은 고객을 끌어들이려는 대기업의 절실함과 과학적 연구가 있습니다. 사람들은 쇼핑할 때 무의식적으로 자기만의 패턴을 드러냅니다. 본인이 마트나 편의점에 갈때 어떻게 행동하는지 잠시 생각해 보세요. 특별한 브랜드를 선호하기도 하고, 사지 않더라도 구경하는 품목이 있는 등 자기만의 행동 패턴이 따로 있기 마련입니다. 주로 가는 요일이나 시간대도 정해져 있습니다. 경쟁이 치열한 슈퍼마켓 경영자들의 골칫거리는 사람들의 이러한 패턴이 한번 굳어지면 잘 바뀌질 않는다는 점입니다. 아주 특별한 일이 있기 전에는 말이죠. 여기서 특별한 일이란 이사를 하거나, 아이를 낳거나 새 직장을 갖거나 하는 아주 큰 변화를 의미합니다. 대기업 슈퍼마켓 체인들은 이처럼 큰 변화를 앞둔 사람들에게 여러 가지 쿠폰을 보내거나 맞춤형 할인 행사를 홍보해서 자신의 가게로 끌어오려 합니다. 일단 한 가게에 발을 들여놓으면 그 이후에는 자연스럽게 자기 가게에 충성스러운 손님이 되기 때문이죠. 관건은 미리 고객의 필요를 파악해 큰 변화를 앞두고 준비할 때부터 가게를 찾도록 하는 데 있습니다.

'타겟'은 수학자를 고용해서 지금은 '빅데이터' 분석이라 불리는 기술을 다른 기업들보다 먼저 활용하여 이 목표를 달성했습니다. 손님들의 다양한 개인 정보, 예를 들면 인종, 성별, 나이, 월급은 물론, 어느 요일 어느 시간에 가게에 와서 어떤 물건들을 사 가는지에 대한 방대한 자료를 축적해서 분석했습니다. 이를 통해 소비자가 보이는 행태를 추정하는 수학식을 만들어냈습니다. 예를 들어, 평소에 사지 않던 바디로션을, 그것도 큰 통으로 샀다면, 이를 손님이 출산을 준비하고 있다는 의미로 추론하는 것입니다. 이런 식으로 아버지도 몰랐던 딸의 임신 사실을 '타겟'이 미리 파악해서 맞춤형 광고를 보낼 수 있었던 것이죠. 하지만 이렇게 나의 사적인 정보가 나도 모르게 기업의 이익을 위해 사용되어도 되는 걸까요?

빅브라더스의 세상

온라인에 떠다니는 정보가 누군가에게는 크게 돈을 벌 기회가 되기도 하지만, 다른 누군가에게는 사생활 침해 등 심각한 피해를 주기도 합니다. 앞서 언급한 사례와 같은 일들은 지금 이 순간에도 일어나고 있습니다. 나도 모르는 사이에 내가 인터넷이나 SNS에서 하는 일을 누가 들여다보면서 자세히 분석하고 있는 것이죠. 유튜브(Youtube)나 넷플릭스(Netflix)가 동영상이나 프로그램을 추천하는 것이 하나의 예입니다. 내가 요청하지도 않았는데 제삼자가 내가 좋아하고 싫어하는 것을 분석해서 적절하다고 생각하는 것을 권해주고 있는 거죠.

　　　우리 주변에서 쉽게 볼 수 있는 CCTV 역시 논란의 대상입니다. 요즘은 건물 내부는 물론, 골목 구석구석에도 폐쇄회로 티브이라 불리는 CCTV가 설치되어 있습니다. 이를 통해서 범죄자를 잡기도 하고, 잃어버린 아이를 찾아내기도 합니다. 그런데 이것이 과연 좋은 일이기만 할까요? 누군가가 내가 하는 일을 다 들여다보고 있는 것은 문제가 없을까요? 실제로 홍콩에서 민주화 시위가 벌어졌을 때, 시위에 참가한 많은 시민이 편리한 교통카드 대신에 현금으로 지하철표를 샀다고 합니다. 이유는 정부가 이들의 이동 경로를 모두 확인해서 나중에 처벌할까 두려웠기 때문입니다. 1940년대, 조지 오웰(George Orwell)이 쓴 미래소설 『1984』에는 이런 암울한 미래가 잘 그려져 있습니다. 이 책은 '빅브라더(Big Brother)'라 불리는 허구의 인물이 국가 내의 모든 사람의 생활을 감시하고 통제하는 세계를 그리고 있습니다. 여기저기서 모인 정보를 소수의 사람이 이용하게 될 때 나타날 수 있는 폐해를 잘 그린 소설입니다. 편리함을 추구하고 안전을 확보한다는 목적으로 점점 더 많은 정보가 수집되는 오늘날, 그 정보를 활용하는 방식과 범위에 대해 질문을 던져볼 필요가 있습니다.

알 권리 대 잊힐 권리

인간은 호기심이 많고 정보에 예민한 동물입니다. 현대 사회에서는 더욱 그러합니다. 특히 소셜 미디어의 발전과 핸드폰 등을 이용한 녹화와 녹음이 쉬워진 요즘에는 이전 어느 시기보다도 생생한 정보를 공유하고 확산하는 것이 쉬워졌습니다. 거기에다 민주주의의 발전과 더불어 더 많은 정보를 공개해야 한다는 주장에 다수의 사람이 공감하고 있습니다. 우리나라에서도 헌법에서 보장하고 있는 권리로써 국민이 자유롭게 정보를 수령하고, 수집하고, 또 공개를 요구할 수 있는 권리, 즉 알 권리에 대한 요구가 크게 증가했습니다. 1996년에 제정된 정보공개법을 근거로 개설된 '정보공개포털'에서 정보공개를 청구하고 열람할 수 있습니다.

그런데 이 알 권리를 어느 선까지 허용해야 하는지와 관련해서 또 다른 윤리 문제가 등장하고 있습니다. 예를 들어, 정치인이 일과 후에 하는 개인적인 행동과 말, 혹은 연예인이나 운동선수와 같은 유명인들에 대해서도 대중이 알 권리를 주장할 수 있는 것일까요? 유명인들의 시시콜콜한 개인사나 이들에 관해 공식적으로 확인되지 않은 소문을 다루는 기사에 사람들이 많은 관심을 보입니다. 이런 이유로 언론들은 '알 권리'를 주장하며 유명인들의 사생활을 과도하게 침해하기도 합니다. 특히 유튜브처럼 기존 언론과 다른 방식으로 정보를 퍼뜨리는 새로운 매체가 늘어나면서 개인의 사생활이 침해되고 왜곡된 정보가 확산되는 경우가 더 늘어났습니다. 이를 보면 헌법에서 보장하는 '알 권리'의 의미가 퇴색하는 것은 아닌지 걱정이 됩니다. 하지만 이런 부작용에도 불구하고 국민의 알 권리를 보장하는 것은 민주주의 체제를 지탱하는 기본이라고 생각합니다.

이 문제는 유명인뿐 아니라 우리 모두에게도 해당합니다. 종이에 기록된 정보와 달리 온라인상에 한번 기록된 정보는 거의 무제한으로 복사와 전송이 가능합니다. 이런 이유로, 내가 원치 않거나 혹은 사망한 이후에도 내 정보가 이리저리 돌아다니기도 하는데, 이것은 끔찍한 일입니다. 온라인 프라이버시가 점점 중요한 문제로 떠오르면서 '잊힐 권리'에 대한 논의도 한창입니다. 미국에서는 표현의 자유를 강조하는 문화, 그리고 '구글'과 같이 영향력이 큰 기업들 때문에 개인의 프라이버시 보호보다는 자유롭게 정보를 찾고 활용하는 것에 더 무게를 두고 있습니다. 반면 유럽에서는 개인의 사생활을 보호하고 인간의 존엄성을 중요시하는 문화 때문에, 잊힐 권리와 관련된 다양한 법률과 제도를 갖추고 있습니다. 유럽연합에서는 '일반정보보호법(General Data Protection Regulation)'이라는 법령을 만들어서 사람들이 온라인에서 보호받아야 할 정보에 대해 자세히 그리고 엄격하게 다루고 있습니다.

우리나라에서도 '정보통신망 이용촉진 및 정보보호 등에 관한 법률'에 개인 정보 보호와 정보 삭제 요청에 대한 내용을 명시하고 있습니다. 여러분이 어떤 인터넷 사이트에 가입할 때 정보 이용 동의에 관련된 여러 가지 서류에 '동의합니다'로 표시한 경험이 많이 있을 겁니다. 이 절차는 앞의 법에서 인터넷 사이트가 회원을 모집할 때 가입한 회원의 프라이버시에 관련된 정보를 어디까지 얼마 동안 사용하겠다는 내용을 미리 설명해 주고 거기에 동의해야만 가입할 수 있도록 했기 때문에 마련된 것입니다. '잊힐 권리'에 대해서는 제도가 아직 충분하지 않습니다. 사망자가 생전에 남긴 정보에 대한 권리는 누가 주장할 수 있는지, 인터넷에 있는 자신의 정보를 당사자가 자유롭게 삭제할 수 있는지 등, 인터넷 매체에 존재하는 정보의 소유권이나 정보의 삭제나 보관 등 관리 방법을 다루는 법도 충분하지 않고, 이에 대한 사회적 합의도 이루어지지 않았습니다. 기술의 급격한 발전을 통해 등장하게 된 알 권리와 잊힐 권리 사이의 갈등은 새로운 윤리 문제로 떠오르고 있습니다.

정보의 소유권과
집단지성

우리가 실제로 사는 공간만큼 온라인은 이제 우리의 삶에 큰 영향을 미치는 공간이 되고 있습니다. 공부할 때도 마찬가지죠. 이전에는 도서관에 가서 백과사전을 찾아봐야 알 수 있던 정보를 지금은 노트북이나 핸드폰으로 간단히 검색하면 금방 수많은 정보를 접할 수 있습니다. 이 과정에서 두 가지 새로운 윤리 문제가 나타났습니다.

하나는 정보의 소유권 문제입니다. 어떤 이들은 인터넷에 떠도는 정보들을 마구잡이로 복사해서 사용하곤 합니다. 종이책을 복사하면 화질이 떨어지지만, 온라인상의 파일은 아무리 복사해도 그 품질 자체에 전혀 변화가 없습니다. 이러다 보니 많은 창작물 – 책, 그림, 논문, 동영상, 음악 등 – 에 대한 '저작권(Copyright)' 보호가 더 엄격해지고 있습니다. 이런 움직임에 반발하여 일부 분야에서는 오히려 인터넷이 다수의 대중에게 양질의 정보를 평등하게 공유할 수 있는 플랫폼이라 주장하며 저작권을 없애야 한다는 소위 '카피레프트(Copyleft)' 운동도 펼치고 있습니다. 영어의 'copyright'에서 'right'가 권리라는 뜻 외에 오른쪽이란 의미가 있어서 이것에 반대한다는 뜻으로, 또 권력에 반한다는 '좌파적' 의미로 이런 말을 쓰고 있습니다.

상품의 가치가 높을수록 더 강한 소유권을 주장하기 마련이지만, 소유권을 덜 주장한 것이 오히려 상품의 가치와 활용도를 높인 사례도 있습니다. 예를 들어 통계 프로그램을 이용할 때 SPSS, SAS, MATLAB과 같은 상용 프로그램을 돈을 내고 사서 씁니다. 그렇지만 요즘 인기를 끌고 있는 'R'이라는 프로그램은 무료로 내려받아 쓸 수 있습니다. 'R'은 하나의 플랫폼이고 실제 원하는 기능을 작동하려면 '패키지'라 부르는 구체적인 프로그램을 사용해야 하는데, 이 패키지를 제작하고 공유하는 기회가 'R'을 사용하는 모든 사람에게 열려 있습니다. 즉 어떤 구체적인 작업이 필요한 사람이 자신이 쓸 패키지를 'R'용 언어로 작성해서 인터넷에 올려놓으면 필요로 하는 누구든지 가져다 사용할 수 있습니다. 일종의 집단 지성을 이용한 문제 해결 방법입니다. 위키피디아도 비슷하죠. 전통적인 백과사전은 큰 출판사가 많은 전문가를 고용해서 한 항목 한 항목 작성한 후 책으로 만들어서 소비자에게 비싼 값에

파는 방식이었죠. 위키피디아는 누구든 관련 정보를 올릴 수 있습니다. 만일 잘못된 정보라면 그 누구라도 그 문제를 지적해 정확한 정보로 수정할 기회를 제공합니다.

또 다른 문제점은 반대로 이러한 집단 지성이 항상 바르게 작동하지는 않는다는 점입니다. 앞에서 살펴본 바와 같이 온라인이라는 새로운 공간은 전통적인 전문가의 권위를 낮추고 대중들의 참여와 집단 지성이 힘을 발휘할 공간을 제공하고 있습니다. 하지만 다수가 동의한다고 해서 그것이 곧 진실인 것은 아닙니다. 다수에 의한 횡포나 잘못된 정보의 확산이 빠르게 일어날 위험성도 점점 커지고 있습니다. 즉 온라인에서 잘못된 정보나 선동이 빠른 속도로 사람들 사이에서 퍼지면 이것을 바로잡거나 멈추기가 더 힘이 듭니다. 이런 문제를 다루기 위한 온라인상에서의 새로운 윤리가 필요해진 이유입니다.

앞서 소개한 '타켓'은 미국 신문 〈뉴욕 타임스〉의 취재에 전혀 협조하지 않았습니다. 회사가 새로운 마케팅 기법을 개발했다고 광고할 기회가 될 수 있었지만 개인 정보를 상업적으로 이용한 방법이 자세히 밝혀지면 오히려 비난을 받지 않을까 두려웠던 것 같습니다. 또 미국의 경우 소비자들이 자신의 정보가 자신도 모르게 활용된 것에 대해서 법적인 소송을 제기할 가능성이 높습니다. 그럼에도 불구하고 기업들은 새로운 정보를 얻기 위한 시도를 점점 더 많이 할 것이고, 대중들도 온라인에서 더욱 활발히 정보를 공유할 것입니다. 이런 기술적 사회적 변화에 대응하는 온라인 윤리가 시급히 필요한 시점입니다.

더 살펴볼 과학자

조지 오웰
George Orwell

1903년에 태어나서 1950년에 사망한 영국의 소설가 Eric Arthur Blair의 필명. 이튼 칼리지(Eton College) 출신으로 사회 민주주의를 지지하는 그는 사회풍자와 전체주의에 반대하는 명료한 문장의 비판적 글로 유명하다. 『동물농장(Animal Farm)』, 『1984』 등의 소설이 가장 널리 알려져 있으며, 스페인 내전에 참전한 경험을 토대로 작성한 『카탈루냐 찬가(Homage to Catalonia)』도 그의 세계관을 잘 보여주고 있다.

과학, 그게 최선입니까? –
윤리가 과학에 묻는 질문들

토론할 거리

1

인터넷 댓글은 여러 사람의 의견을 나눌 수 있는 장점이
있는 반면, 소위 '악플'의 문제도 심각합니다. 이를 막기 위해
인터넷에서 익명성을 배제하고 본인이 누구인지 밝히도록
해야 한다는 주장이 있습니다. 인터넷에서 익명성을 유지하는
것과 글쓴이가 누구인지 밝히는 것 중에 무엇이
더 윤리적일까요?

2

인터넷은 많은 사람이 동시에 참여해 정보를 교류하고 의견을
개진할 수 있다는 점에서 '집단지성'의 힘이 발휘되기 좋은
장소죠. 하지만 다수의 의견이 항상 옳지는 않다는 주장도
많습니다. 다수의 의견이 오히려 사회 전체의 이익에 반하는
결과를 가져왔거나 정의롭지 못한 상황을 만든 예를 들어보고
이러한 문제를 예방하려면 어떤 원칙들이 필요할지 토의해
보세요.

15

로봇의 윤리,
사람의 윤리

제가 어렸을 때 보던 영화나 만화의 주인공 로봇은 대부분 외계의 침략자나 괴물과 맞서 싸우는 정의의 사도로 그려졌습니다. '마징가 제트'가 그러했고 '태권브이'도 그랬습니다. 하지만 아무리 힘이 세도 그저 사람이 사용하는 충성스러운 도구일 뿐이었죠. 그러나 최근에 나오는 영화에서는 로봇이 매우 다양한 유형으로 나타납니다. 〈터미네이터(Terminator)〉나 〈매트릭스(The Matrix)〉라는 영화에서처럼 인간을 뛰어넘어 오히려 인류를 멸종시키려는 존재로 그려지기도 하고, 〈A.I〉, 〈바이센테니얼 맨(Bicentennial Man)〉, 그리고 〈엑스 마키나(Ex Machina)〉라는 영화에서 그려진 것처럼 로봇이 사람의 마음과 영혼까지 넘보는 존재로 그려지기도 하죠. 최근 들어 사람의 뇌만큼 복잡한 사고 기능을 가진 로봇이 등장할 거라고 예상할 정도로 인공지능 기술이 발전했으니 이런 변화도 자연스러워 보입니다. 이제는 커피숍에서도 음료를 제공하는 로봇이 등장하고 자율주행 자동차도 나오는 세상이 되었으니, 정말 로봇의 시대가 성큼 다가온 것 같습니다.

새로운 기술에 대한
반발과 충돌

그런데 우리가 겪어온 역사를 살펴보면 새로운 기술의 등장이 항상 밝은 면만을 가지고 있는 것은 아닙니다. 18세기 영국에서 시작된 산업혁명은 인류 역사에서 아주 큰 분기점이었습니다. 그리고 이 변화의 중심에서 원동력 역할을 한 것은 증기기관이라는 새로운 엔진이었습니다. 이전에는 사람이 직접 힘을 쓰거나 말과 같은 동물을 이용해서 하던 일을 이젠 석탄을 태워 물을 끓여서 거기서 나오는 증기의 힘으로 훨씬 더 센 힘을 내게 된 거죠. 증기기관 이전까지 큰 힘의 원천은 말이었기 때문에 지금도 엔진의 출력을 표시할 때 몇 '마력'이라는 단위를 쓰고 있습니다. 그런데 말은 증기기관에 비할 바가 못 되었습니다. 당시에 세계 최고의 기술이 사용되는 분야는 면방직 산업이었습니다. 옷감을 짜는 기술 말입니다. 지금 생각하면 우스운 기술일지도 모르지만, 당시에는 현대의 핸드폰이나 컴퓨터를 만드는 것만큼이나 최첨단 기술이었고, 이 산업의 중심에 영국이 있었습니다.

　　　그런데 증기기관이 등장하자 좀 곤란한 일들이 벌어지기 시작했습니다. 이전에는 방직을 손으로 하거나 사람 힘으로 해야 하니, 경험이 많은 숙련공들이 큰 대접을 받았습니다. 그런데 증기기관이 도입되고 자동화된 방직 기계가 나타나자, 이제는 경험이 없는 노동자들에게 더 낮은 임금을 주고도 더 많은 옷감을 잘 만들게 된 것이죠. 안 그래도 열악한 노동환경과 어려운 경제 상황으로 불만에 가득 차 있던 면방직 공업 노동자들은 비밀 결사를 조직하고 소위 '러다이트 운동(Luddite Movement)'을 벌이기 시작합니다. 말이 '운동'이지 밤에 몰래 공장에 가서 기계를 부수거나 불을 지르는 '난동'이었습니다. 우연인지 몰라도 『로빈후드』의 배경이 되었던 노팅험에서 시작된 이 운동은 영국 전역으로 퍼져나가 공장에서 사용하는 자동화된 기계가 큰 사회 문제가 되었습니다. 새로운 기술과 기계가 도입되었을 때 이것을 어떻게 다루고 받아들이고 관리할 것인지에 대한 충분한 고민이 없을 때 무슨 일이 벌어질 수 있는지를 잘 보여주는 사례입니다.

로봇 시대의
과학 윤리

현재 우리가 직면한 로봇의 문제도 비슷합니다. 로봇 기술이 빠른 속도로 진보하는 가운데 이를 둘러싼 여러 가지 윤리 문제를 제대로 생각하지 못하면, 나중에는 이것이 큰 사회적 문제를 일으킬 수도 있습니다. 우리가 쉽게 생각할 수 있는 윤리 문제는 다음과 같은 것들입니다. 고속으로 달리는 자율주행 자동차가 운행 중에 횡단보도에서 갑자기 2명의 사람을 발견한 경우를 가정해 봅시다. 운전대를 갑자기 꺾으면 차에 타고 있던 운전자는 다치거나 죽을 수도 있지만, 대신 횡단보도에 있는 2명의 목숨을 구할 수 있을 겁니다. 그때 자율주행 자동차가 어떻게 판단하도록 프로그램해야 할까요? 또 이미 많은 로봇이 군사적인 목적으로 개발되었습니다. 그런데 이 로봇들을 상대방 군인을 기계적으로 죽이도록 프로그램하는 것은 윤리적일까요? 사람에게 약을 먹이는 로봇의 경우, 만일 환자가 연명 치료를 중단하고 스스로 생을 끊고자 한다면 약을 강제로 먹일 수 있도록 프로그램해야 할까요? 과학자들은 사실 이런 문제에 대해서 오래전부터 고민해 왔습니다. 실제로 세계 기술계의 가장 대표적인 전문가 단체인 '전기전자 기술자 협회(IEEE; Institute of Electrical and Electronic Engineers)'에서는 2004년 이미 로봇 윤리를 다루는 위원회를 구성하였고 주기적으로 학술대회와 관련 서적들을 출판하고 있습니다. 같은 해에 조금 앞서서 국제 로봇 윤리(Roboethics) 학술대회가 이탈리아에서 처음 개최되기도 했습니다.

　　그러나 사실 로봇의 윤리 문제를 가장 먼저 대중에게

널리 알린 주체는 다름 아닌 공상과학소설이었습니다. 우리나라에도 잘 알려진 '아시모프'라는 작가는 1942년도에 쓴 〈런어라운드(Runaround)〉라는 단편 소설에서 소위 '로봇의 삼대 법칙 (Three Laws of Robotics)'을 처음 제시했습니다. 이 내용은 "첫째, 로봇은 인간에게 위해를 가해서는 안 된다; 둘째, 인간의 명령에 절대 복종해야 한다; 셋째, 1, 2 법칙에 위배되지 않는 한 로봇은 자신을 보호해야 한다"입니다. 그런데 실제로 로봇에게 이 원칙을 적용할 때는 이런 두루뭉술한 원칙은 참 지켜지기 어렵습니다.

이 예를 이번에는 영화에서 찾아보도록 하죠. 영화감독 스탠리 큐브릭(Stanley Kubrik)이 1968년에 만든 〈2001: 스페이스 오디세이(A Space Odyssey)〉라는 고전 영화에는 'HAL 9000'이라는 로봇이 등장합니다. 사실 로봇이라기보다는 우주선을 조정하고 임무를 도와주는, 요즘으로 말하면 인공지능 비슷한 존재입니다. 이 명칭은 'Heuristically Programmed ALgorithm Computer'라는 영어 단어에서 왔다고 하는데 우리말로는 '체험적으로 알고리듬을 만드는 컴퓨터' 정도로 설명이 가능할 것 같네요. 지금의 말로 하자면 '학습을 통해서 자기 생각을 개발해 가는 인공지능'이라 할 수 있겠네요. 50년 전에 이런 생각을 했다니 감독의 상상력이 대단하죠. 사실 이 이름은 당시 가장 큰 컴퓨터 회사였던 'IBM'보다 더 뛰어나다는 의미로 알파벳의 앞 순서에 있는 글자를 조합한 것이라는 소문도 있었습니다만, 하여튼 영화에서는 이 로봇이 임무를 완수해야 한다는 절대 명제와 사람의 결정에 따라야만 한다는 절대 명제 사이에서 논리적인 충돌을 일으켜서 결국 우주선에 탑승한 승무원을 한 명씩 살해합니다. 인간이 자신에게 임무를 중지시키는 명령을 아예 내리지 못하게 하겠다고 '체험적으로' 생각해버린 거죠.

로봇 시대의 인간 불평등

로봇과 관련해서 사람과 기계 사이의 갈등만이 존재하는 것은 아닙니다. 인간들 사이의 갈등과 격차도 고민해야 할 문제입니다. 즉, 모든 것을 로봇이 대신해 주는 세상이 온다고 하더라도 비싼 가격의 로봇을 가질 수 있는 사람과 그렇지 못한 사람 사이의 격차는 어떻게 해야 할까요? 육체노동자 중에 무거운 짐을 들 수 있는 '로봇 수트(Robot Suit)'라고 불리는 외골격로봇을 가진 사람과 그렇지 않은 사람 사이에 주어지는 기회와 급여는 큰 격차가 날 것입니다. 과외 공부를 가르치고, 글도 대신 써줄 수 있는 AI도 나올 텐데, 이런 로봇을 가진 사람과 그렇지 못한 사람이 대학에 진학하거나 직장을 찾을 때에도 큰 차이가 있을 수 있습니다. 결국 로봇을 가지고 있느냐 없느냐에 따라서 경제적, 사회적 격차는 더욱 커질 수 있을 것입니다. 로봇을 어떻게 프로그래밍하느냐 못지않게 로봇이 가져올 사람과 사람 사이의 이러한 불평등을 어떻게 없앨 것인가도 로봇 윤리의 중요한 질문 중 하나입니다.

지금 우리의 문제

이전에 증기기관이 그랬고, 처음 개인용 컴퓨터가 대중에게 확산할 때도 여러 가지 우려가 있었습니다. 하지만 결국에는 이런 기술들이 인류에게 재앙을 가져오기보다는 생산력의 증대와 정보의 확산에 기여했고, 이는 결국 인류의 복지를 향상시키는 역할을 했습니다. 저는 로봇도 작은 부작용들이 있겠지만 결국에는 인간들의 삶을 더 윤택하게 해 줄 것으로 기대하고 있습니다. 예를 들어, 전쟁 로봇의 경우 오히려 로봇 병사들이 인간 병사들보다 더 이성적으로 작동해서 인명 살상을 줄일 것이라는 예측도 있습니다. 실제 전쟁에서는 전투 중에 병사들이 전사하는 경우 못지않게 고의 또는 실수로 군인들이 민간인을 공격하는 경우도 벌어지기 때문입니다.

제가 너무 장밋빛 미래를 꿈꾸고 있는 것일까요? AI 챗봇 '이루다' 사태는 다소 암울한 시나리오를 보여주고 있습니다. 이루다는 우리나라 스캐터랩이라는 회사가 개발한 소위 '열린 주제 대화형 인공지능' 챗봇입니다. 이론적으로 사람들 간의 대화 정보를 학습하면서 사람들과 자연스럽게 대화할 수 있도록 개발된 일종의 로봇입니다. 하지만 서비스 초기부터 이루다에게서 혐오와 차별 발언이 나왔고, 이루다를 이용하는 사용자들도 음란한 대화를 계속하는 등 정상적이지 않은 상황이 발생하기 시작했습니다. 개발자의 의도와 달리 이용자들의 대화를 학습한 이루다마저 음란한 대화를 하는 상황에까지 이르게 되었고, 결국 이 서비스는 정식 오픈한 지 채 한 달도 되지 않아 잠정 중단되는 운명을 맞이했습니다. 어떤 사람들은 개발자들이 잘못했다고 하지만, 이 해프닝의 전개 과정을 보면 이 로봇을 이용하는 대중의 행동이 로봇의 운명을 결정하는 데 더 영향을 미쳤다고 생각됩니다. 결국 로봇이 우리의 삶에 축복이 될지 아니면 재앙이 될지는 다른 과학기술과 마찬가지로 우리 손에 달려있습니다. 기술적인 진보 못지않게 로봇의 개발과 활용에 관련된 윤리 문제에 대해서 다양한 의견을 듣고 토론하는 것이 매우 중요한 이유가 바로 여기에 있습니다.

더 살펴볼 과학자

아이작 아시모프
Isaac Asimov

1920년에 러시아에서 태어나 1992년에 사망한 미국의 작가이자 생화학자. 500편이 넘는 공상과학소설을 집필하여 널리 알려졌다. 특히 '파운데이션 (Foundation)' 시리즈가 널리 알려져 있다. 콜롬비아 대학에서 박사학위를 받은 후 보스턴 대학에서 생화학과 교수로 재직하면서 다방면의 책을 집필했으며, 특히 그가 쓴 SF소설들이 대성공하며 명성을 얻었다. 그의 소설에 등장하는 로봇은 대부분 인간적이거나 인간에게 친숙한 모습을 가지고 있으며, 그가 작품에서 제시한 '로봇의 3대 원칙'은 널리 알려진 개념이다. 로버트 하인라인(Robert A. Heinlein), 아서 클라크(Arthur C. Clarke)와 더불어 SF 소설계의 3대 거장으로 불린다.

토론할 거리

1

전쟁에서 사용될 수 있는 전투 로봇에 대한 연구가
활발히 진행되고 있습니다. 어떤 이들은 로봇과 같은 첨단
기술을 이용해서 전투에서 사람을 살상하도록 하는 것은
비윤리적이라 말합니다. 그런데 다른 이들은 이러한 로봇을
이용하면 오히려 테러리스트나 나쁜 국가의 무력을 사람들의
희생 없이 잘 처리할 수 있을 것이라 말합니다. 여러분의
생각은 어떤지요?

2

얼마 지나지 않으면 인간처럼 사고하고 의견을 표시할 수
있는 인공지능 로봇도 개발될 것입니다. 만일 이러한 로봇이
슬프다거나 기쁘다는 감정을 표시할 수 있게 된다면 이들도
하나의 인격체로 대해야 할까요? 예를 들어 이들에게 폭언이나
욕설, 그리고 폭력을 가하는 것을 금지해야 할까요, 아니면
단순한 기계일 뿐이니 이런 문제는 고려할 필요가 없을까요?

마치며

이 책에서 살펴본 과학 윤리의 문제는 지나간 과학사에 대한 회고만이
아닙니다. 이런 윤리적 딜레마는 지금 여기에 던져진 질문입니다. 코로나19
사태가 이제 진정 국면에 접어들었지만, 여전히 다음 접종은 어떻게
해야 할지 다시 새로운 질병이 창궐하면 과학은 그 문제에 어떤 해답을
줄 수 있고 그 답을 인간에게 어떻게 적용하는 것이 과연 윤리적인지
정답이 없습니다. 정보의 홍수 속에 살고 있는 우리에게 정보 자체도 과학
윤리에서 다룰 커다란 질문거리입니다. 4차 산업혁명 시대니 AI 시대니
하지만 아직도 인간은 우리에게 주어진 도구를 '잘' 사용하고 있는지
확신이 없습니다. 또 이 기술을 개발하고 제공하는 사람들의 의도와
관계없이 많은 정보 기술이 성범죄, 테러활동, 불법 자금의 유통, 정치적
조작에 이용되고 있습니다. 매일매일 쏟아져 나오는 신기술, 새로운 제품과
서비스 속도에 발맞추어 우리가 새로운 윤리 의식과 윤리적 행동 규범을
만들어 낼 수 있을까요?

과학자들 사이의 윤리 문제도 여전히 현재 진행형입니다. 우리가 직면한
과학 난제 중 하나는 바로 치매의 원인과 그 치료 방법입니다. 치매를
일으키는 주요한 원인 중 하나는 알츠하이머병이며, 현재 우리가 가지고
있는 과학적 지식 중 하나는 이 병의 원인으로 '베타 아밀로이드(ß-
amyloid)'라는 물질이 축적되는 것으로 알려져 있습니다. 그런데 이것을

과학, 그게 최선입니까? –
윤리가 과학에 묻는 질문들

처음 밝혀낸 아주 유명한 논문의 자료 일부가 조작되었다는 주장이 최근 제기되었습니다. 만일 이 논문이 엉터리라면 그 이후 전 세계에서 많은 연구자의 후속 연구는 쓸데없는 헛발질이 될 수도 있습니다.

인류가 이루어 놓은 과학의 발전이 과연 인간 모두에게 행복하고 안전한 삶을 가져다주고 있는지도 다시 한번 살펴보아야 할 때입니다. 이미 지구 전체의 모든 사람을 먹이고도 남을 만큼의 농산물을 만들어내고 있지만 아프리카를 포함해서 지구의 많은 지역에 아직도 기아에 시달리는 인류가 이렇게 많다는 사실을 어떻게 설명해야 할까요? 각 지역과 국가가 가지고 있는 역사적 정치적 이유가 얽혀있긴 하지만, 과학과 기술의 측면에서 살펴보자면 선진국의 첨단 과학기술이 모든 국가와 사회에 적용이 가능하지 않다는 점도 중요한 이유 중 하나일 것입니다. 이러한 문제의식에서 출발해서 최근 들어서는 '적정 기술(Appropriate Technology)'이라는 개념도 큰 관심을 끌고 있습니다. 『작은 것이 아름답다(Small Is Beautiful: A Study of Economics As If People Mattered)』라는 책으로 잘 알려진 에른스트 슈마허(Ernst Schumacher)가 처음 주창한 개념으로, 적정 기술은 한 지역의 문화, 정치, 경제는 물론 환경적인 측면을 고려해서 거기에 사용이 가능한 기술을 의미합니다. 예를 들어 전기가 들어오지 않는 오지에는 아무리 좋은 전자제품을 제공해도 의미가 없겠죠.

이보다는 그 주위에서 얻을 수 있는 자연 자원이나 재생에너지원을 이용해서 작동이 가능한 장비나 기술을 제공하는 것이 더 적절할 것입니다. 하지만 더 빠르고 효율적으로 발전해 많은 이익을 얻을 수 있는 과학과 기술에 몰두하는 흐름 속에서 적정기술과 같은 가치를 강조하는 것이 얼마나 유효할지는 저도 확신이 없습니다.

지금 이 글을 작성하고 있는 순간에도 제 컴퓨터 배경 화면에는 마감일에 쫓긴 논문 수정본과 연구제안서 파일이 열려 있습니다. 소설『여자의 일생(Une Vie)』에 빗대면 '과학자의 일생'은 이러할지도 모르겠습니다. 제안서를 쓰고, 실험을 수행하고, 논문을 발표하고, 다시 이 과정이 계속해서 반복되는 것 말입니다. 이 과정에 '윤리'라고 하는 문제는 끼어들 자리가 없을지도 모릅니다. 하지만 이 책에서 살펴본 바와 같이 과학자라는 인간 자신, 과학이 이루어지는 절차, 그리고 그 과학이 사회에 실현되는 과정 모두에 아주 많은 윤리적 문제가 담겨 있습니다. 그리고 우리가 옳은 윤리적 판단과 행동을 하지 않으면 과학의 퇴보는 물론 인간의 안위와 행복에도 큰 해를 미칠 수가 있습니다. 이 책을 읽으시면서 윤리적으로 정당한 해답을 발견하지 못하고 "그래서 뭘 어쩌라고?"라는 질문이 생긴 독자들도 많으실 것 같습니다. 제가 모든 문제에 대한 정답을 알고 있지 못한 이유도 있을 테고, 어쩌면 그것이 과학 윤리의 본질일지도 모르겠습니다. 아마도 제가 드릴 수 있는 마지막 답은 "어쨌든 과학은 우리가 믿는 것처럼 결코 그리 좋지도 그리 나쁘지도 않답니다." * 정도일지도 모르겠습니다. 이 책을 읽으신 분들은 과학자의 판단, 과학이 수행되는 절차, 그리고 그 결과물이 사회에서 실현되는 과정에 많은 윤리적 문제가 담겨 있다는 점, 그리고 이런 문제를 해결하는 데 과학적 사고가 핵심이라는 사실에 대해 일부라도 동의해 주신다면 이 책의 작은 임무는 완수되었다고 생각합니다.

*

모파상의 소설 『여자의 일생(Une Vie)』의
마지막 부분 "After all, life is never so jolly or so miserable
as people seem to think."라는 대목에서 따온 글

참고문헌

Alexander DE (2010) The L'Aquila Earthquake of 6 April 2009 and Italian government policy on disaster response. *Journal of Natural Resources Policy Research* 2: 325-342.

Babbage C (1830) *Reflections on the Decline of Science in England, and on Some of Its Causes.* B. Fellowes, London.

Bracken MB (2009) Why animal studies are often poor predictors of human reactions to exposure? *Journal of the Royal Society of Medicine* 102: 120-122.

Fisher B, Turner RK, Morling P (2009) Defining and classifying ecosystem services for decision making. *Ecological Economics* 68: 643-653.

Fisher RA (1936) Has Mendel's work been rediscovered? *Annals of Science* 1: 115–137.

Hardin G (1968) The tragedy of the commons. *Science* 162: 1243-1248.

Hamilton WD, Axelrod R, Tanese R (1990) Sexual reproduction as an adaptation to resist parasites (a review). *Proceedings of the National Academy of Science* 87: 3566-3573.

Jinek M, Chylinski K, Fonfara I, Hauer M, Doudna JA, Charpentier E (2012) A programmable dual-RNA–guided DNA endonuclease in adaptive bacterial immunity. *Science* 337: 816-821.

Leiner BM, Cerf VG, Clark DD, Kahn RE, Kleinrock L, Lynch DC, Postel J, Roberts LG, Wolff S (1997) *Brief History of Internet.* Internet Society.

Millikan RA (1913) On the Elementary Electric charge and the Avogadro Constant. *Physical Review* II. 2: 109–143.

Muller HJ (1927) Artificial transmutation of the gene. *Science* 66: 84-87.

Popovic M, Sarngadharan MG, Read E, Gallo RC (1984) Detection, isolation, and continuous production of cytopathic retroviruses (HTLV-III) from patients with AIDS and pre-AIDS. *Science* 224: 497–500.

Schatz A, Bugle E, Waksman SA (1944) Streptomycin, a substance exhibiting antibiotic activity against Gram-positive and Gram-negative bacteria. *Proceedings of the Society for Experimental Biology and Medicine* 55: 66-69.

Tishkoff SA, Kidd KK (2004) Implications of biogeography of human populations for 'race' and medicine. *Nature Genetics* 36: S21-27.

Velazquez EM, Nguyen H, Heasley KT et al. (2019) Endogenous Enterobacteriaceae underlie variation in susceptibility to *Salmonella infection. Nature Microbiology* 4: 1057-1064.

Waters CN, Zalasiewicz J, Summerhayes C et al. (2018) Global Boundary Stratotype Section and Point (GSSP) for the Anthropocene Series: Where and how to look for potential candidates. *Earth-Science Reviews* 178: 379-429.

Zietz M, Tatonetti NP (2020) Testing the association between blood type and COVID-19 infection, intubation, and death. *medRxiv* PMC7276013.1

과학, 그게 최선입니까? -
윤리가 과학에게 묻는 질문들
ⓒ 2022

지은이	강호정	처음 펴낸 날	
		2022년 11월 22일	
펴낸이	주일우	초판 2쇄 펴낸 날	
펴낸곳	이음	2023년 7월 31일	
출판등록	제2005-000137호 (2005년 6월 27일)		
주소	서울시 마포구 월드컵북로 1길 52 운복빌딩 3층		
전화	02-3141-6126		
팩스	02-6455-4207		
전자우편	editor@eumbooks.com		
홈페이지	www.eumbooks.com		

편집	강지웅	페이스북	
디자인	PL13	@eum.publisher	
마케팅	추성욱	인스타그램	
		@eum_books	

ISBN 979-11-90944-67-0 03400

값 15,000원

*

이 도서는 한국출판문화산업진흥원의 '2022년 우수출판콘텐츠 제작 지원' 사업 선정작입니다.

이 책은 저작권법에 의해 보호되는 저작물이므로 무단 전재와 무단 복제를 금합니다.

이 책의 전부 또는 일부를 이용하려면 반드시 저자와 이음출판사의 동의를 받아야 합니다.